Feuereißen · Reichsbahn - Vermächtnis

Für das Gelingen des Werkes gilt mein herzlichster Dank:
meinem Enkel Herrn Florian Bauer für seine konstruktive Mitarbeit bei Bildauswahl und Gestaltung,
meiner Familie für ihr Verständnis bei der zeitraubenden Arbeit der Recherche und Bildbearbeitung,
allen beteiligten Fotografen und der Eisenbahn-Stiftung für die Zuarbeit und zur Verfügungstellung wertvoller historischer Bilder.

44 2225-9
W2

Günther Feuereißen

REICHSBAHN
Vermächtnis

Bahnland DDR

transpress

Bildnachweis:
Die zur Illustration dieses Buches verwendeten Aufnahmen stammen – wenn nichts anderes vermerkt ist – vom Verfasser.

ISBN 978-3-613-71739-8

Ein Unternehmen der Paul Pietsch Verlage GmbH & Co. KG.
Sie finden uns im Internet unter www.transpress.de.

1. Auflage 2025

Produkthinweis:
Dieses Buch wurde nach den geltenden Vorschriften der General Product Safety Regulation (GPSR) entwickelt. Bei Fragen oder Problemen wenden Sie sich bitte an den Verlag unter der folgenden E-Mail-Adresse:
gpsr@ paul-pietsch-verlage.de

Lektor: Hartmut Lange

Einbandgestaltung:
Günther Feuereißen

Innengestaltung und Repro:
Günther Feuereißen

Druck und Bindung:
Florjancic Tisk d.o.o., 2000 Maribor
Printed in Slovenia

Titel
38 205 und 58 261 am 19. März 1992 mit Sonderzügen in Weischlitz.
Rücktitel
99 3316 und 99 3312 mit Kohlezug in Bad Muskau am 5. August 1977.
Frontispiz
Am 1. Oktober 1995 dampft 44 2225 mit einem Güterzug durch Rietschen.

Seiten 4/5
50 849 wartet in Weischlitz auf die Übernahme des mit 38 1182 soeben eingelaufenen Sonderzuges aus Gera, um ihn dann weiter nach Adorf zu befördern (25. September 1983).

Inhalt

Einführung

Um die Entwicklungen des Verkehrswesens in der sowjetischen Besatzungszone (SBZ) bzw. der späteren DDR verstehen zu können, ist ein kurzer Blick auf die damaligen politischen Verhältnisse unerlässlich.
Nach der Kapitulation Deutschlands am 8. Mai 1945 trat die Gebietsaufteilung zwischen den Besatzungsmächten in Kraft, welche zwischen den USA, Großbritannien, Frankreich und der Sowjetunion in Jalta beschlossen worden war. Die amerikanischen Truppen räumten vor allem sächsisches und thüringisches Gebiet, um im Gegenzug einen Teil der Reichshauptstadt Berlin zu besetzen. Die sowjetischen Truppen rückten in diese Gebiete ein und begannen mit der politischen »Säuberung«. Das betraf nicht nur aktive Nationalsozialisten, sondern auch viele Demokraten, welche eine kommunistische Diktatur mit Planwirtschaft ablehnten. So begann die Fluchtbewegung vieler Menschen in Richtung Westen, welche bis zum Mauerbau am 13. August 1961 anhielt.
Die politischen Posten und die Leitung der inzwischen verstaatlichten Betriebe wurden vielfach von Kommunisten besetzt, welche der marxistisch-leninistischen Lehre verpflichtet waren. Statt Kompetenz und Erfahrung regierte die Ideologie. Das führte zwangsläufig zu Fehlentscheidungen und Reibungsverlusten, welche den Aufbau einer leistungsfähigen Wirtschaft in Ostdeutschland behinderten.
Erschwerend kam hinzu, dass die Besatzungsmacht zur Wiedergutmachung der durch Deutschland in der Sowjetunion verursachten Schäden enorme Reparationsleistungen forderte, welche ausschließlich Ostdeutschland erbringen und die Deutsche Reichsbahn transportieren musste. Diese bildete dazu die sogenannten »Kolonnen«, in denen etwa 1 000 Lokomotiven organisiert waren.
Da von den ca. 7000 in der SBZ vorgefundenen Loks nur rund 60% einsatzfähig oder reparabel waren, verblieb ein kläglicher Rest, um die Bevölkerung mit dem Notwendigsten versorgen zu können. U.a. mussten deshalb in den Städten die Lebensmittel bis Mitte der fünfziger Jahre rationiert werden.
Als auch in der Sowjetunion unter Stalins Herrschaft die Einsicht wuchs, dass ein ostdeutscher Agrarstaat auf Dauer nicht überlebensfähig sein würde, gestattete er den industriellen Wieder- und Neuaufbau.
Es dauerte einige Jahre bis die Staatsführung der am 7. Oktober 1949 gegründeten Deutschen Demokratischen Republik zur Überzeugung gelangte, dass dafür erhebliche Investitionen in das Verkehrswesen notwendig seien. Sie ließen sich mit zerstörtem oder durch Reparationen weitgehend geschwächtem Maschinenbau und fehlender Stahlindustrie aber nur sehr langsam umsetzen. So spielte das ererbte Vermächtnis der Länderbahn-, Einheits- und Kriegslokomotiven noch lange eine entscheidende Rolle.
Beispielhaft und ohne Anspruch auf Vollständigkeit ist diesen die fotografische Aufmerksamkeit mit ORWO-Bildern aus überwiegend den siebziger und achtziger Jahren gewidmet.
Autor und Verlag wünschen Ihnen dabei viel Freude. Mögen Erinnerungen wach werden oder, für die jüngere Leserschaft, sich ein Blick in den Betriebsalltag der Deutschen Reichsbahn der DDR eröffnen.

Am 13. Februar 1989 ist 95 1027 mit dem Veltener Museumszug als P 18003 (Saalfeld–Sonneberg) in der Einfahrt von Lippelsdorf unterwegs.

38 1182

Erbe der Länderbahnzeit

Am 7. Dezember 1835 begann das Zeitalter der Dampfeisenbahnen in Deutschland, genauer gesagt in Bayern zwischen Nürnberg und Fürth als private Initiative. 1938 folgten in Preußen die Berlin-Potsdamer Eisenbahn und im Herzogtum Braunschweig die Herzoglich Braunschweigsche Eisenbahn als erstes staatliches Unternehmen. 1840 überschritt die Eisenbahn erstmals Ländergrenzen zwischen Magdeburg und Leipzig.

Für den Wirtschaftstheoretiker Friedrich List waren die Überwindung der innerdeutschen Zollschranken und der Aufbau eines Eisenbahnnetzes Werkzeuge für wirtschaftlichen Aufschwung im Deutschen Bund. Er entwarf ein Eisenbahnnetz und auf seinen Theorien basierte schließlich die 1839 vollendete erste Fernbahn von Leipzig nach Dresden.

Ein Deutscher Eisenbahnverein ähnlich dem Deutschen Zollverein, der den Betrieb und die Tarife einheitlich regeln könnte, kam nicht zustande. Auch nach der Reichsgründung 1871 überließ die Bismarcksche Verfassung die Hoheit über die Eisenbahnen weitgehend den Ländern. Allerdings waren, meist aus Geldnot, viele Privatbahnen inzwischen im Eigentum der Länder und diese bauten selbst Strecken, um wirtschaftliche und politische Ziele umzusetzen.

Natürlich beschafften private und Länderbahnen auch ihre eigenen Eisenbahnfahrzeuge. Ab etwa 1840 einigte man sich zumindest auf einheitliche Zug- und Stoßvorrichtungen (Kupplungen und Puffer), so dass der Fahrzeugaustausch zwischen den verschiedenen Bahnen möglich wurde. Die prinzipielle Konstruktion der Lokomotiven und Wagen erledigte aber meist die Industrie, lediglich Preußen normierte seine Fahrzeuge. Im Übrigen blieb es fast immer den Lokomotivbauanstalten überlassen, wie sie die Wünsche Ihrer Kunden umsetzten. Daraus entstand dann die Vielfalt der Loktypen, welche ab 1923 durch Einheitslokomotiven abgelöst werden sollten. Vor allem aus wirtschaftlichen Gründen fand dies aber nur sehr begrenzt statt.

Nach der Aufteilung Deutschlands am Ende des Zweiten Weltkrieges in Besatzungszonen entfielen auf die sowjetische (SBZ) rund 35% des Eisenbahnnetzes, allerdings kaum Schwerindustrie und außer Braunkohle wenig Rohstoffe. Die Verkehrswege waren durch enorme Kriegsschäden weitgehend unpassierbar. Trümmerfrauen, Eisenbahner und Arbeiter versuchten dieses unvorstellbare Chaos aufzuräumen und das Notwendigste in Betrieb zu nehmen. Die Besatzungsmacht bemühte sich, die alten Verwaltungen nach sowjetischem Vorbild umzugestalten und für einen zügigen Abtransport der Reparationsgüter zu sorgen. Sie ließ zur sogenannten Wiedergutmachung alles abbauen, was der Befriedigung ihrer Interessen diente.

Der Lokomotivbestand gliederte sich in 156 Baureihen, von denen 68% aus der Länderbahnzeit stammten. Die Lokomotivbauindustrie erreichte Anfang der fünfziger Jahre die Voraussetzungen für den Dampflokneubau. Die beschränkten Kapazitäten gestatteten jedoch in absehbarer Zeit keine umfassende Erneuerung des Bestandes, außerdem zeichnete sich bereits der Traktionswechsel ab. So schien es ökonomisch sinnvoll zu sein, Länderbahnlokomotiven noch für einen längeren Zeitraum durch Reparatur oder Rekonstruktion einsatzfähig zu halten.

Schnellzuglokomotiven

Am 18. Mai 1996 kommt die Schwestermaschine 18478 (S3/6 3645 des Bayerischen Eisenbahnmuseums) der 1948 an die DB übergebenen 18434 als Vorspann vor 01066 aus Bayern und führt den Sonderzug nach Dresden.

Baureihen 18^3 und 18^4

Die Bayerischen Staatsbahnen bestellten 1907 bei Maffei eine dreifach gekuppelte Schnellzuglokomotive nach dem Vorbild der badischen IV f. Die Vierzylinderverbundmaschine war so gut gelungen, dass die bayerische S3/6 in mehreren Serien bis 1931 beschafft wurde.
Nach dem Krieg übernahm die DR 18434 (Maffei 3448/1914), welche es nach Erfurt verschlagen hatte. Der Einzelgänger wurde 1948 an das Bw Hof zurück gegeben.
Die Badischen Staatsbahnen bestellten 1915 bei Maffei drei Schnellzuglokomotiven mit Vierzylinderverbundtriebwerk Bauart de Glehn. Ihnen folgten bis 1920 weitere 17 Maschinen der Gattung IV h. Sie beförderten u.a. den legendären »Rheingold« zwischen Mannheim und Basel.
Am 29. Juni 1948 übergab die Deutsche Bundesbahn 18314 (Maffei 1919/5089) im Tausch gegen 18434 an die Versuchsanstalt Halle. Dort wurde sie bis 1958 eingesetzt und erfuhr dann eine gründliche Rekonstruktion im Raw Zwickau, bei der sich auch ihr äußeres Erscheinungsbild wandelte, um schließlich als Schnellfahr- (150 km/h) und Bremslokomotive zu dienen.
Die Maschine, in Halle liebevoll »Schorsch« genannt, versah bis Ende 1971 u.a. Plandienst. Danach kam sie auf die Liste der zu erhaltenden Museumslokomotiven.
Zu Beginn der achtziger Jahre interessierte sich die Historische Eisenbahn Frankfurt/Main für die Lok. Der DDR-Devisenbeschaffer Schalck-Golodkowski ließ sie aus dem Museumsbestand des Dresdner Verkehrsmuseums streichen und verkaufte sie am 21.01.1984 zusammen mit anderen Maschinen nach Westdeutschland. Heute befindet sich die Lok als Dauerleihgabe im Technikmuseum Sinsheim.

18316 gehörte zu den DB-Versuchslokomotiven des BZA Minden und blieb erhalten. 1995 wurde sie in Pila (Polen) aufgearbeitet und sollte als Museumslok ihren Dienst aufnehmen. Die Überführung scheiterte jedoch an undichten Mittelzylindern, so dass im Dampflokwerk Meiningen Reparaturen vorgenommen werden mussten. So war 18316 am 2. März 1996 bei einer Probefahrt von Arnstadt nach Meiningen in Plaue zu erleben.
Rechts steht die rekonstruierte 18314 auf der Lokausstellung am 24. September 1983 in Meuselwitz. Ein Jahr später war sie verkauft.

Stralsund ist die Kulisse für 171001, als sie in den fünfziger Jahren mit einem Schnellzug unterwegs ist. Foto: Erich Möckel

Die heutige Museumslokomotive OSTEN 1135 lieferte Henschel unter der Fabriknummer 11512 im Jahre 1913. Bei der DRG lief sie als 171055 vor allem zwischen Frankfurt (Oder) und Berlin, nach dem Krieg auch bis Magdeburg. Im Bild ist die Maschine auf der Lokausstellung am 13. Juli 1986 in Bad Doberan zu sehen.

Baureihe 17^{10-11}

Die Preußischen Staatsbahnen experimentierten trotz ihrer bekannten Sparsamkeit lange mit der Entwicklung einer C-gekuppelten Schnellzuglokomotive herum, denn die P8-Personenzugloks waren mit den steigenden Zuggewichten und den geforderten höheren Geschwindigkeiten der 1910er Jahre überfordert.

Das letztlich überzeugende Ergebnis war die $S10^{1}$ der Bauart 1911. Die Vierzylinder-Verbundmaschinen entstanden unter Leitung von Georg Heise bei Henschel & Sohn. Innerhalb eines halben Jahres kamen die ersten zehn Maschinen mit niedriger Pufferbohle in den Betriebsdienst. Die ab 1912 folgenden 26 Loks waren an den höheren Pufferbohlen erkennbar. Bis 1914 baute Henschel insgesamt 113 Maschinen.

1914 folgte eine umkonstruierte Bauart, bei der die außen liegenden Zylinder in die Mitte des Vorlaufgestells wanderten.

Das ausgeglichene Triebwerk ermöglichte Höchstgeschwindigkeiten über 150 km/h. So leisteten sie bei der DRG hin und wieder auch Ersatz für die Reihen 05 und 61.

Zur DR gelangten 34 Lokomotiven, 13 erhielten Kohlenstaubfeuerung System Wendler. 1964 wurden die letzten Maschinen ausgemustert und 171055 versetzte das Raw Cottbus in den Originalzustand.

Baureihe 19^{0}

Am 8. März 1918 lieferte die Sächsische Maschinenfabrik Richard Hartmann die erste XXHV mit der Fabriknummer 4000 an die Sächsische Staatsbahn. Die damals größte europäische Schnellzuglokomotive erregte internationales Aufsehen und wurde liebevoll als »Sachsenstolz« bezeichnet. Die insgesamt 23 Maschinen dieser Baureihe überstanden den Zweiten Weltkrieg. Einige arbeitete das Raw Zwickau nach 1945 gründlich auf. Sie verrichteten noch gut zehn Jahre Dienst beim Bw Reichenbach und beförderten zwischen Dresden, Plauen und Hof Schnell- und Personenzüge.
19017 kam 1951 zum Bahnbetriebswerk Halle P um der Fahrzeugversuchsanstalt (VES-M) Halle als Bremslokomotive zu dienen. 1966 wurde sie als technisches Denkmal eingestuft. Eine betriebsfähige Aufarbeitung scheiterte an einem gerissenen Zylinder. Das Raw Meiningen versetzte die Lok 1973 weitgehend in den Originalzustand. Dannach war sie auf vielen Lokausstellungen zu sehen.

Museumslokomotive 19017 am 19. August 1984 in Radebeul Ost.

Bild oben: Ende der fünfziger Jahre ist 19013 bereits zum Güterzugdienst degradiert, als sie in Weischlitz auf die Weiterfahrt wartet. Foto: Erich Möckel

Personenzuglokomotiven

Museumslokomotive 38 205 im Einsatz: unten mit einem Sonderzug zwischen Weischlitz und Pirk am 19. März 1992, rechts oben bei vorweihnachtlicher Stimmung im Bahnhof Markersbach am 19. Dezember 1982, als sie auf dem Weg nach Zwickau den Planpersonenzug nach Annaberg kreuzt und darunter ist Ausfahrt in Wolkenstein mit Ziel Annaberg am 31. Oktober 1993.

Baureihe 38^{2-3}

Die Sächsische Staatsbahn beschaffte bei Hartmann 1910 die ersten neun Lokomotiven der Gattung XII H2. Von dieser leistungsstarken und robusten 2'C h2-Maschine entstanden bis 1927 insgesamt 169 Exemplare. Sie befuhren viele sächsische Mittelgebirgsstrecken und beförderten mit maximal 90 km/h zeitweise auch Schnellzüge zwischen Dresden, Reichenbach und Hof.
Bei der DR standen die Lokomotiven bis Ende der sechziger Jahre im Dienst, zuletzt in Nossen.
38 205, eine der Maschinen mit niedrigem Umlauf aus der ersten Bauserie (Fabriknummer 3387), war bis 1968 im planmäßigen Einsatz. 1979 erfolgte die Aufarbeitung des letzten erhaltenen »Rollwagens« zur betriebsfähigen Museumslokomotive. Seither kam die Maschine auf vielen ihrer alten Stammstrecken vor Sonderzügen zum Einsatz.

Es ist kein DDR-Old-Timer-Treffen, sondern eine ganz normale Sonderzugfahrt am 1. Oktober 1983 über die Waldbahn von Weida nach Mehltheuer, im Bild der Oschütztalviadukt in Weida.

Rechts durcheilt 38 205 mit einem Sonderzug nach Adorf am 17. April 1983 Gera-Ost (Zwötzen). Darunter ist sie im Sommer 1982 mit demselben Ziel in Greiz unterwegs.
Unten präsentiert sich die Maschine am 22. Juni 1986 in der Lokeinsatzstelle Plauen Vogtl ob Bf.

Die Elstertalbahn war bis in die siebziger Jahre eine P 8-Stammstrecke. 38 1182 ist am 21. August 1983 mit einem Sonderzug nach Weischlitz am Lochguttunnel bei Wünschendorf unterwegs.
Im Bild rechts legt sie sich am 10. September 1983 zwischen Oelsnitz/Vogtland und Adorf in den Rebersreuther Bogen.

Baureihe 38 10-40

1910 lieferte Schwartzkopff die heutige 38 1182 (Fabriknummer 4485). In den dreißiger Jahren war sie im sächsischen Vogtland, bei der DR dann überwiegend in Sachsen-Anhalt, zuletzt in Aschersleben beheimatet. 1982 wurde sie als betriebsfähige Museumslokomotive aufgearbeitet.

1905 entwarf Robert Garbe für die Preußische Staatsbahn eine 2'Ch2-Schnellzuglokomotive. Die ersten zehn Loks lieferte Schwartzkopff. Nach der Beseitigung einiger Kinderkrankheiten war eine robuste und wirtschaftliche Maschine entstanden, nun als P8 bezeichnet. Bis 1923 bauten viele Lokomotivfabriken insgesamt 3963 Exemplare dieser Reihe.

1949 verblieben der DR etwa 700 Lokomotiven. Sie bildeten vielerorts das Rückgrat des Personenzugverkehrs, beförderten aber auch Schnell- und Güterzüge als »Mädchen für Alles«.

Über 70 Maschinen rüstete die DR mit Giesl-Ejektoren aus und verbesserte damit die Wirtschaftlichkeit. 1971 wurde die letzte Lok abgestellt.

Oben durchfährt 38 1182 mit einem Sonderzug das Elstertal am Lochbauernhof nahe Barthmühle.

Links ist sie am 28. September 1985 im Bahnhof Rentzschmühle mit P 4054 von Weischlitz nach Gera unterwegs.

Rechts ist Wasserfassen in der Lokeinsatzstelle Plauen/Vogtl oberer Bahnhof angesagt.

Im April 1959 führt eine Reichenbacher P 10 den Personenzug mit sächsischen Wagen nach Plauen im Vogtland über die wiederaufgebaute Elstertalbrücke.
Foto: Teo Graf, Bearbeitung GUF

Im März 1956 ist 39 017 mit einem Personenzug nach Plauen vermutlich zwischen Werdau und Reichenbach unterwegs.
Foto: Erich Feuereißen

Baureihe 39^0

Größere Zuggewichte veranlassten die Preußische Staatsbahn zur Beschaffung einer vierfach gekuppelten Schnellzuglokomotive, welche vor allem auf den Mittelgebirgsstrecken dringend benötigt wurde. Im Herbst 1919 legte Borsig den Entwurf für eine 1'D1'h3-Maschine vor, von der 1921, also bereits nach Gründung der Deutschen Reichsbahn, die ersten zehn Lokomotiven gebaut wurden. Zunächst als Baurehe 17, dann als Baureihe 39 bezeichnet, kamen 260 P 10 von verschieden Lokomotivfabriken zur DRG.

Nach Kriegsende verblieben der DR in der SBZ zunächst 91 Maschinen, welche sich durch Zu- und Abgänge bis 1958 auf 85 verringerten. Reichenbach war schließlich das Auslauf-Bw der P 10, bevor sie zur Baureihe 22 rekonstruiert wurde und noch bis 1971 Dienst versah.

Güterzuglokomotiven

Die G8 Mainz 4981 gelangte im Ersten Weltkrieg zur Bagdadbahn. 1987 wurde die Lok nach einer komplizierten Kaufaktion innerhalb einer abenteuerlichen Reise 4000 km auf eigenen Rädern von Catalagzi am Schwarzen Meer nach Darmstadt-Kranichstein überführt und hatte bis 2013 Einsätze auf der Museumsbahn, wie hier am 3. Oktober 2008.

Baureihe 55^{16-22}

1901 entwarf Robert Garbe für die Preußischen Staatsbahnen eine Heißdampfgüterzuglokomotive der Gattung G8, Bauart Dh2. Nach vielen Versuchen und Änderungen kamen schließlich über 1000 Maschinen in Dienst. Die DRG übernahm 656 Loks und zur DR gelangten noch etwa 50. Ihre Ausmusterung erfolgte Ende der sechziger Jahre, so dass keine in die Liste der Museumslokomotiven kam.

Baureihe 55^{25-56}

Zehn Jahre später war der Bedarf einer leistungsstärkeren Lokomotive entstanden und dem entsprach Robert Garbes $G8^1$. Von 1913 bis 1921 wurden fast 5000 Maschinen für die KPEV gebaut, von denen die DRG mehr als 3000 übernahm. Rund 1000 überstanden den Zweiten Weltkrieg. 1968 hatte die DB noch 50 Loks, die DR noch 150 im Bestand.

Oben 055567 und 050185 am 18. September 1969 in Hohenbudberg, darunter 055193 und 050907 am 1. April 1971 in Köln-Gremberg.
Fotos: Hans Faust

56384 ex 555500 im Bw Neubrandenburg
Foto: Robin Fell (1969)
Slg. Eisenbahn-Stiftung

Baureihe 56^{2-8}

Die preußischen $G8^1$ mit ihrer großen Zugkraft und dem leistungsfähigen Kessel waren beliebt, konnten jedoch auf Nebenbahnen wegen der Achslast über 17t kaum eingesetzt werden. Die DRG löste das Problem durch den Einbau einer vorderen Laufachse in 691 Maschinen.
Bei der DR waren die Loks bis Ende der sechziger Jahre im Einsatz.

Baureihe 56^1

Nach dem Ersten Weltkrieg war das Bedürfnis der Preußischen Staatsbahn nach einer Lokomotive für den mittelschweren Güterzugdienst gewachsen und es erschien am einfachsten, die Konstruktion von der G12 abzuleiten. So entstanden von 1918 bis 1920 bei Henschel 85 Loks der Bauart 1'Dh3 und wurden als $G8^3$ bezeichnet. Die DRG übernahm sie als 56101-185.
Die zur DR gelangten Maschinen waren bis Ende der sechziger Jahre im südlichen Raum tätig.

56744 ex 555057 in Neubrandenburg
Foto: Joachim Claus (18.08.1966)
Slg. Eisenbahn-Stiftung

56121 ($G8^3$) im Bw Karl-Marx-Stadt Hilbersdorf
Foto: Gerhard Illner (1957)
Slg. Eisenbahn-Stiftung

Baureihe 56^{20-29}

Im Betriebsdienst war die dreizylindrige $G8^3$ wartungsintensiv und so baute Henschel schon 1919 die vereinfachte Zweizylindervariante $G8^2$. Die Maschinen waren so gut gelungen, dass etwa 850 für die DRG gefertigt wurden.
Auch die Türkischen Staatsbahnen TCDD erkannten das Potential der Loks und ließen 62 einer etwas verlängerten Version bei Nohab und Tubice nachbauen. Dort waren sie bis Ende der achtziger Jahre tätig, bei der DR bis etwa 1972.

45022 (G8²) fährt am 29. August 1980 mit einem Leerzug vom Schwarzmeerhafen zu den Bergwerken bei Eregli. Darunter leistet eine G8² der Zuglok gleichen Typs Vorspann bis zur Passhöhe in Ladik. Der Zug ist am 9. August 1984 von Samsun nach Sivas unterwegs. Fotos Türkei (2): Hans Faust

Baureihe 57^{10-35}

Robert Garbes Entwurf für eine leichte fünfachsige Güterzuglokomotive der Bauart Eh2 stammt aus dem Jahr 1908. Er basiert auf dem Fahrwerk der T16 und dem Kessel der P8. Von 1910 bis 1925 wurden von vielen Lokomotivfabriken 2589 Maschinen an die Preußische Staatsbahn und die DRG geliefert, darüber hinaus an andere Privat- und Staatsbahnen, auch im Ausland.

Die robuste und einfach bedienbare G10 leistete in beiden Weltkriegen unschätzbare Dienste.
Die Deutsche Reichsbahn der SBZ übernahm noch 112 Maschinen, welche bis Anfang der siebziger Jahre Dienst verrichteten.
Lok 573297 entstand 1923 unter der Fabriknummer 4401 bei Hohenzollern. Nach 1945 war sie in mehreren Bahnbetriebswerken der Rbd Magdeburg beheimatet. Ihr Betriebseinsatz endete am 7. Juni 1968 beim Bw Stendal.

Am 22. November 1991 bekommt die Rauchkammer von 573297 noch einmal Feuer zu sehen, um für Filmaufnahmen von Joachim Schmidt (Rio Grande Video) in Greiz die gute alte Zeit der sechziger Jahre aufleben zu lassen. Sie war 1984 im Raw Meiningen rollfähig aufgearbeitet worden.

▲ Unter echtem Dampf steht heute leider nur noch 57 2770, ex CFR 50.770, eine bei Malexa Bukarest (299/1938) gebaute und bei der ÖGEG seit 2004 beheimatete G 10, welche am 26. Oktober 2007 bei Bad Hohenstadt unterwegs ist.

Zur Lokausstellung am 12. Juni 1982 war Erfurt West für kurze Zeit Heimat von 57 3297 mit dem Begleitzug des Verkehrsmuseums Dresden. ▶

58 1800 (Henschel 17071/1920) bringt am 19. August 1976 einen leeren Ganzzug von Zwickau nach Schlema.

58 1345 (Borsig 10610/1920) mit P 3604 von Johanngeorgenstadt nach Zwickau in Breitenbrunn im August 1975.

58311 (Karlsruhe 2153/1921) wurde nach ihrer Außerdienststellung beim Bw Aue an das DDM veräußert und am 19. März 1977 nach Neuenmarkt-Wirsberg überführt. 1984 an die UEF verkauft, ging sie am 8. Juni 1985 wieder in Betrieb. 1992 weilte die Lok zur Fahrwerksaufarbeitung im Raw Meiningen und kam anschließend vor Fotozügen im Thüringer Wald und im Erzgebirge zum Einsatz, so auch am 15. Februar 1993 bei Angelroda.

Baureihe 58^{2-21}

Im Ersten Weltkrieg erfuhr das Transportmittel Eisenbahn erstmals größte militärische Bedeutung. Die Länderbahnverwaltungen übergaben vor allem Güterzuglokomotiven unterschiedlichster Konstruktion dem Heeresfeldbahnwesen. Dabei offenbarte sich, dass im Reparaturfall keine Bauteile zwischen den Lokomotiven tauschbar waren, die Bezeichnungen der Ersatzteile nicht übereinstimmten und selbst die Bedienungen unterschiedlich waren. Auf Grund dieser Erkenntnisse forderte die Heeresverwaltung eine moderne leistungsstarke Lokomotive.
Henschel entwarf und baute die ersten Güterzugloks der Gattung G 12. Von 1917 bis 1924 entstanden 1489 Maschinen der Bauart 1'E h3 bei vielen Lokomotivfabriken für fast alle deutschen Länderbahnen und die DRG. Die Konstruktion war zugleich Pionier für die Vereinheitlichung der Bauteile und regte auch die Deutsche Industrie-Norm (DIN) an.
Zur DR gelangten etwa 500 Lokomotiven. Sie waren im Mittelgebirgsraum von Thüringen und Sachsen im Einsatz und bis Ende 1976 unverzichtbar. Zuletzt beförderten sie vom Bw Aue aus Schnell-, Personen- und Güterzüge zwischen Zwickau und Johanngeorgenstadt.
Der Mangel an leistungsfähigen Güterzuglokomotiven führte 1958 bis 1963 zur Rekonstruktion von 56 Maschinen zur Baureihe 58^{30}.

Tenderlokomotiven

Oben dampft T11 Hannover 7511 am 23. Mai 2009 mit dem Preußenzug durch Barchel.

Links ist Lokomotive 74231gerade vom Erfurter Museumssockel im Bw Arnstadt eingetroffen und präsentiert sich dem Publikum in einem äußerlich aufgearbeiteten Zustand

Baureihe 74$^{0-3}$

Für den beschleunigten Personenverkehr forderten verschiedene preußische Eisenbahndirektionen eine Lokomotive mit 80 km/h Höchstgeschwindigkeit. Dem entsprach die 1902 von der Union-Gießerei in Königsberg entwickelte 1'C n2t-Type mit 1500 mm Kuppelraddurchmesser. Als Gattung T11 bezeichnet, kamen bis 1909 471 Maschinen zur KPEV, 358 übernahm die DRG, etwa 50 fanden sich bei der DR. Der aktive Einsatz endete für die meisten Lokomotiven schon in den fünfziger Jahren.
74 231 (Union 1602/1908) war jedoch bis 1965 beim Bw Gotha im Einsatz. 1973 kam sie auf einen Denkmalsockel im Bahnhof Erfurt. Ab 1992 wurde die Lok dem Traditionspark der DR zugeordnet und fand ihre neue Heimat im Museums-Bw Arnstadt. 1999 erfolgte eine betriebsfähige Aufarbeitung im Dampflokwerk Meiningen und der Verkauf an die Museumsbahn Minden. Als T11 Hannover 7511 versah sie bis 2011 Dienst.

Am 30. September 1989 kehrt 74 1230 anlässlich des 100-jährigen Streckenjubiläums auf die Orlatalbahn zurück

und fährt oben in Freienorla ein, unten verlässt sie Langenorla Ost (Kleindembach).

Baureihe 74^{4-13}

1902 lieferte die Union-Gießerei Königsberg die ersten vier als T12 bezeichneten Heißdampftenderlokomotiven der Bauart 1'C h2t an die Preußische Staatsbahn. Nach vielen vergleichenden Versuchsfahrten mit der Nassdampfschwester T11 auf der Berliner Stadtbahn gab es einige Änderungen, u.a. vergrößerte Zylinder für den Stadtbahnbetrieb. 1905 baute Borsig 68 verbesserte Maschinen und von 1911 bis 1921 entstanden mehrere Serien dieser erfolgreichen Lokomotive. Im Laufe der Zeit gab es viele Versuche die Maschinen weiter zu verbessern. Schließlich kamen 974 Einheiten in Dienst, 500 allein bei der Stadtbahn. Die DRG übernahm 899 Maschinen und bezeichnete sie als Baureihe 74^{4-13}. Nach 1945 wurden die 55 bei der DR verbliebenen Loks auf den nicht elektrifizierten Stadt- und Ringbahnstrecken, auf kurzen Nebenstrecken und vor allem im Rangierdienst eingesetzt. 1969 endete der reguläre Einsatz der T12.

Für 74 1230 (Borsig 9523/1916) begann nach einer Aufarbeitung in Meiningen zum Jahreswechsel 1981/82 die zweite Laufbahn als betriebsfähige Museumslokomotive beim Bw Glauchau. Am 2. Mai 1982 kommt 74 1230 erstmals in ihre Heimat auf die Berliner Stadt- und Ringbahngleise zurück. Unten beschleunigt sie mit dem Museumszug Velten vor der Kulisse von Nauen.

Baureihe 75^{5}

Ab 1911 lieferte Hartmann insgesamt 106 Lokomotiven der Gattung XIV HT in modifizierten Baulosen an die Sächsische Staatsbahn. Einige Maschinen mussten 1918 als Reparationsleistung an Polen und Frankreich abgegeben werden. 1925 übernahm die Deutsche Reichsbahn Gesellschaft 83 Einheiten. Durch Rückführungen erhöhte sich der Bestand der DR in der SBZ 1945 auf 89 Loks. Im EDV-Umzeichnungsplan waren noch 19 Maschinen vorgesehen, erhielten jedoch kein neues Nummernschild.

75515 (Hartmann 3477/1911) war bis 1977 betriebsfähig und wurde dann als Museumslokomotive erhalten. In Karl-Marx-Stadt Hbf an einem Gleisstumpf aufgestellt, erlitt sie am 14. Juni 1983 einen Auffahrunfall, welcher 1988/89 repariert wurde. So konnte sie 1992 als 75576 noch einmal zum Filmstar werden.

Anlässlich des Jubiläums »125 Jahre Eisenbahn in Karl-Marx-Stadt« verkehren am 12. Juni 1976 Sonderzüge zwischen Döbeln und Karl-Marx-Stadt wie im Bild unten in Oberlichtenau, bespannt mit den Museumslokomotiven 75515 und 62015.

Bild rechts unten: Am 21. März 1992 stellt Joachim Schmidt für Filmdreharbeiten der RioGrande-Videothek Szenen des D374 in Adorf nach, wie sie in den sechziger Jahren zu erleben waren. Foto: Susanne Feuereißen

Echtzeitdokumentation ist die Restaurierung der Museumslokomotiven 75 515 und 62 015 am 12. Juni 1977 in Döbeln. Statisten dieser Szene sind die im Regeldienst verkehrenden 50 3027 und 58 3026.

75 576
H Unt Mei
10.5.89

Am 21. März 1992 dampfen 75576 alias 75515 und 942103 alias 942105 in ihrem ehemaligen Heimat-Bw Adorf für Filmdreharbeiten.
Foto: Susanne Feuereißen

Baureihe 78^{0-5}

Die Aufnahme des Fährbetriebes zwischen Saßnitz und Trelleborg erforderte eine schnelle und starke Lokomotive, welche ohne zeitaufwändiges Drehen die gut 50 km lange Strecke zwischen Altefähr und Saßnitz bewältigen konnte. So entstand 1912 auf Vorschlag Garbes bei Vulcan die erste preußische T18 mit symmetrischem Achsstand. Sie bewährte sich hervorragend und nach teilweisem Ausgleich der hin- und hergehenden Massen konnte ab der Betriebsnummer 78011 die Höchstgeschwindigkeit auf 100 km/h festgesetzt werden. Von den für deutsche Eisenbahnen gebauten 534 Maschinen der Bauart 2'C 2' h2t kamen 460 zur DRG und nach dem Krieg noch 53 zur DR.

78 009 (Fabriknummer 2761) wurde 1912 bei Vulcan gebaut und als Stettin 8409 auf der Insel Rügen in Dienst gestellt. Nach dem Krieg gab sie u.a. ein Gastspiel auf der Werratalbahn, um schließlich am 15. September 1971 im Berliner Raum ihren aktiven Dienst zu beenden. 1982 wurde sie als rollfähige Museumslokomotive im Raw Meiningen aufgearbeitet.

◄ Am 19. August 1984 war die Museumslokomotive 78 009 In Radebeul Ost zu sehen.
In Betrieb ist jedoch nur noch ihre Bundesbahnschwester 78 468 (Henschel 20166/1923) zu erleben, fotografiert am 29. Oktober 2000 in Oligs.
Nach langer Abstellzeit (ab 1969) ließ die Stadt Oberhausen die Lokomotive 1999 im Dampflokwerk Meiningen betriebsfähig aufarbeiten. ▼

Am 2. September 1982 ist der erste museale Einsatz für 89 1004. Sie führt »FD 308«, so die Bezeichnung des Sonderzuges für internationale Eisenbahnfreunde, ab Querfurt (alle Bilder) bis Vitzenburg.

Baureihe 89[10]

Als die Preußische Staatsbahn 1904 die zulässige Höchstgeschwindigkeit vieler Nebenstrecken auf 50 km/h erhöhte, stand die Beschaffung einer geeigneten Lokomotive an. Auf Vorschlag Robert Garbes baute Linke-Hofmann in Breslau zunächst elf als T8 bezeichnete Maschinen der Bauart Ch2t. Die Loks beschleunigten gut und kamen alsbald zur Berliner Stadtbahn. Der dort geforderten Höchstgeschwindigkeit von 60 km/h waren sie jedoch nicht gewachsen und wanderten in den Rangierdienst ab oder wurden an andere Direktionen weiter gegeben.
Unter der Fabriknummer 359 entstand die heutige Museumslokomotive 1906 bei Linke-Hofmann als Magdeburg 2001. Die DRG bezeichnete sie als 89 001, verkaufte sie jedoch 1926. 1941 kehrte sie zur DR zurück, nun als 89 1004. 1966 beendete die Lok in Bitterfeld ihren regulären Dienst bei der DR.

Bei der betriebsfähigen Aufarbeitung 1981/82 im Raw Meiningen erhielt 89 1004 ein preußisches Farbkleid, jedoch provisorische DRG-Beschriftung. Die Museumslokomotive war für einen Saisonbetrieb auf der Dessau–Wörlitzer Eisenbahn vorgesehen.

◄ Bei einer weiteren Aufarbeitung erfolgte der Wechsel zum Reichsbahn-Standardanstrich. Danach absolvierte sie verschiedene Fest- und Fotoveranstaltungen, wie hier am 27. September 1997 in Querfurt.

Baureihe 89 70-75

1882 lieferte Henschel die erste nach preußischen Normalien gebaute dreifach gekuppelte Tenderlokomotive an die KPEV. Bis 1906 bauten verschiedene Lokfabriken etwa 1550 Maschinen der Gattung T 3. Die DRG übernahm noch 511 Loks und reihte sie als 89 70-75 ein. Die DR hatte nach der Verstaatlichung der Privatbahnen 1949 etwa 20 Maschinen im Bestand.
89 6009 entstand 1902 bei Humboldt (Fabriknummer 135). 1925 erhielt sie die Betriebsnummer 89 7403. 1931 übernahm die Kleinbahn Heudeber-Mattierzoll (Harzvorland) die von der DRG gerade ausgemusterte Lok und ließ sie aufarbeiten. 1953 erhielt sie im Raw Blankenburg den Tender einer preußischen G 5, um den Aktionsradius zu vergrößern und die neue Betriebsnummer 89 6009. 1971 war die Lok noch betriebsfähig und bekam 1973 im Raw Cottbus, Betriebsteil Görlitz eine weitere betriebsfähige Aufarbeitung als erste Museumslokomotive der DR.

Zum Spitzenfest weilt 89 6009 vom 19. bis 23. Juni 1986 in Plauen und führt viele Publikumsfahrten durch, links oben in Plauen (Vogtl) West, darunter auf dem Syratalviadukt. Unten ist sie mit dem gut besetzten Sonderzug bei der Ausfahrt aus dem »Westbahnhof« Richtung Oberer Bahnhof anzutreffen.

Baureihe 91^{0-1}

Die Preußischen Staatsbahnen experimentierten Ende des 19. Jahrhunderts mit einer Reihe von C 1'n2t-Lokomotiven für ihre Nebenbahnen. Die Laufeigenschaften waren jedoch unbefriedigend und so erging der Auftrag an die Union Gießerei in Königsberg zur Konstruktion einer 1'C n2-Tenderlokomotive mit unsymmetrischem Achsstand, um Rost und Aschkasten des tief liegenden Kessels unterzubringen.

229 Maschinen der Gattung $T9^2$ wurden von mehreren Lokomotivfabriken gebaut. Die DRG übernahm 1925 noch 115 Einheiten.

1898 baute Graffenstaden unter der Fabriknummer 4843 eine $T9^2$, welche bei der DRG die Betriebsnummer 91 048 erhielt. Sie wurde 1929 ausgemustert und an die Braunschweigschen Landeseisenbahnen verkauft. Nach deren Übernahme durch die DRG kam sie, nun als 91 134 bezeichnet, zurück. Nach dem Krieg fand die Lok, bis zur Abstellung 1965 in Neuruppin, ihr Einsatzgebiet bei verschiedenen Bw im Norden der DDR. 1977 äußerlich aufgearbeitet, erfolgte 1987-1990 im Raw Meiningen eine aufwändige Rekonstruktion zur ältesten betriebsfähigen Regelspurdampflok. Mit Unterbrechungen war sie bis zu einem Triebwerkschaden 2019 einsatzfähig.

Der Nahgüterzug von Röbel nach Ganzlin am 5. April 1999 bei Knüppeldamm.

Am 1. Mai 1996 ist der historische Sonderzug im Radegasttal zwischen Rehna und Hohldorf unterwegs.

Am Abend des 4. April 1999 pausiert 91 134 in der Einsatzstelle Röbel.

Baureihe 91^{3-18}

Zur Jahrhundertwende beschaffte die Königlich Preußische Eisenbahnverwaltung (KPEV) eine 1'C n2-Tenderlokomotive, um den gestiegenen Leistungsanforderungen auf ihren Nebenbahnen zu entsprechen. Mit der hohen Kessellage und dem führenden Krauss-Helmholtz-Gestell war sie eine recht modern anmutende Maschine mit guten Laufeigenschaften, so dass ihre Höchstgeschwindigkeit auf 65 km/h festgelegt werden konnte.

Bis 1913 wurden für die KPEV von verschiedenen Lokomotivfabriken 2055 Maschinen der Gattung $T9^{1}$ gebaut, weitere für andere Eisenbahnverwaltungen. 1925 standen gut 1500 Loks im Umzeichnungsplan der DRG.

Wie viele Maschinen die Deutsche Reichsbahn der SBZ übernahm ist unbekannt. Im EDV-Nummernplan waren noch vier Lokomotiven enthalten.

91 896 (Jung 1014/1907) überdauerte die Zeiten auf einem Sockel in Dresden und war, obgleich keine Museumslokomotive, in optisch gutem Zustand auf der Lokausstellung in Radebeul 1984 zu sehen.

Die Göltzschtalbahn Reichenbach oberer Bahnhof–Mylau–Lengefeld (genannt Mylsche Berta) war von 1953 bis zum Jahresende 1966 das Refugium der gut gepflegten und in Reichenbach beheimateten 91 697 (Jung 835, Baujahr 1905), wenn auch zuletzt nur noch im Güterverkehr und Rangierdienst, wie hier im Bahnhof Göltzschtalbrücke am 25. Juli 1962.

Foto: Teo Graf, Bearbeitung: GUF

168g Reichenbach (Vogtl) – Mylau – Lengenfeld (Vogtl)

Alle Züge 3. Klasse

a Ankunft 6.40

⚒4001	⚒9881	†4005	4011	4013	km	Zug Nr *RBD Dresden* Zug Nr	⚒4004	†4006	⚒9882	4014	
⚒5.01	...	†7.34	13.27	15.34	0,0	ab **Reichenbach** (Vogtl) ob Bf 168. an	⚒7.58	†10.50	..	18.56	...
5.13	...	7.46	13.39	15.46	2,7	Reichenbach (Vogtl) Ost ....[173	7.51	10.43	...	18.48	...
5.18	...	7.51	13.44	15.51	4,5	Reichenbach (Vogtl) Karolinenstr	7.38	10.30	...	18.36	...
5.20	...	7.53	13.47	15.54	5,0	Reichenbach (Vogtl) Reichsstr...	7.35	10.27	an	18.33	...
5.23	⚒6.13	7.56	13.54	15.57	5,4	**Reichenbach** (Vogtl) unt Bf 168 f	7.33	10.25	⚒11.36	18.31	...
5.27	│	8.00	13.58	⚒ außer Sa 16.01	6,6	Reichenbach (Vogtl) Elektrizitäts-	7.28	10.20	│	18.26	...
5.34	6.35	8.07	† u Sa 14.04	16.08	7,8	Mylau ....[werk	7.24	10.16	11.29	18.22	...
5.42	a7.15	8.15	14.12	16.16	9,0	Göltzschtalbrücke	7.15	10.08	11.14	18.15	...
5.46	7.23	8.19	14.17	16.21	10,2	Mylau Hp........................	7.06	9.59	10.52	18.06	...
5.52	7.36	8.25	14.23	16.27	12,7	Mühlwand........................	6.59	9.52	10.44	18.00	...
5.57	7.43	8.30	14.28	16.32	14,6	Schneidenbach	6.54	9.47	10.35	17.54	...
6.03	7.53	8.36	14.33	16.37	16,4	Weißensand	6.49	9.42	10.27	17.49	...
6.07	8.01	8.40	14.38	16.42	18,1	Wolfspfütz....................	6.44	9.37	10.17	17.45	...
6.12	8.07	8.45	14.42	16.46	19,8	Lengenfeld (Vogtl) Baumwollspinn	6.40	9.33	10.09	17.40	...
⚒6.16	⚒8.14	†8.49	14.47	16.51	21,1	an **Lengenfeld** (Vogtl) 172 d .....ab	⚒6.36	†9.29	⚒10.02	17.37	...

▲ T13 7906 Stettin, ehemals 92 638, am 30. Juli 2016 mit dem Preußenzug der Musemseisenbahn Minden in Bruchhausen.

1974 ist Lok 4 des VEB Industriebahn Erfurt noch mit der alten DR-Nummer 92 638 im Rangierdienst tätig. ▼

Das Betriebswerk mit Lokschuppen des VEB Industriebahn Erfurt am 16. Oktober 1976. Rechts Lok 6, ehemals 86 760. ▶

Baureihe 92^{5-10}

Die KPEV erwog 1907 die Beschaffung einer vierfach gekuppelten Tenderlokomotive für ihre Nebenstrecken. Als Ergebnis unterschiedlichster Ansichten von Lokausschuss und Zentralamt lieferte die Union-Gießerei in Königsberg 1910 eine D n2-Type. Bis 1922 kamen 562 Loks zur Preußischen Staatsbahn. Bei der DRG wurden die T 13 als 99^{5-10} eingenummert.

Lok 5 der Industriebahn Erfurt entstand 1912 bei der Union und kam als 7906 Stettin in Dienst. Bei der DR arbeitete sie als 92 638, ehe die Lok 1971 nach Erfurt gelangte. Dort stand sie bis Ende der siebziger Jahre im Dienst und wurde dann in einer ziemlich einzigartigen Aktion an die Musumseisenbahn Minden verkauft, wo sie noch heute regelmäßig verkehrt.

Am 1. Mai 1971 befördert 93 8304 (T 14, ex 93 304) einen Sonderzug von Triptis nach Lobenstein in Dreba.
Foto: Erich Feuereißen

93 230 auf der Lokausstellung in Erfurt West (Juni 1982).

93230 entstand 1917 bei der Union Gießerei in Königsberg unter der Fabriknummer 2315. Die Lokomotive kam zur Direktion Erfurt, später in die Ostgebiete. Bei der DR war sie zuletzt im Berliner Raum tätig.
1981 arbeitete das Raw Meiningen die Maschine im Rahmen einer L7-Hauptuntersuchung auf. Seit 2010 weilt sie im Eisenbahnmuseum Dieringhausen mit dem Ziel der Wiederinbetriebnahme.

Am 1. Mai 1971 hält 938304 mit ihrem Sonderzug in Ziegenrück Mittagsrast.
Foto: Erich Feuereißen

Baureihen 93^{0-4} und 93^{5-12}

1914 lieferte die Union-Gießerei die von der $G\,8^1$ abgeleitete Tenderlokomotive Bauart 1'D1' h2. Trotz wenig geglückter Konstruktion bauten verschiedene Lokfabriken hauptsächlich für die Preußische Staatsbahn 587 T14. Die DRG übernahm 406 Maschinen als 93^{0-4}, zur DR kamen noch 159.
1919 lieferte die Union-Gießerei eine verbesserte $T\,14^1$. Von ihr wurden bis 1924 760 Maschinen beschafft und bei der DRG als 93^{5-12} eingereiht, der DR verblieben davon 172. Die Letzten bekamen 1970 noch das EDV-Nummernschild.

Baureihe 94$^{5-17}$

Zu Beginn des 20. Jahrhunderts war bei der Eisenbahndirektion Erfurt der Preußischen Staatsbahn dringender Bedarf an einer starken Tenderlokomotive für die Thüringer Steilstrecken entstanden. Schwartzkopff baute 1905 die erste T16 nach einem Vorschlag von Robert Garbe mit seitenverschiebbaren Achsen System Gölsdorf. Die Leistung der Maschinen war gut, die Fahreigenschaften weniger. Deshalb erschien 1913 eine »verstärkte Bauart« und im gleichen Jahr die weiter verbesserte T16^{1}. Von dieser Gattung bauten bis 1924 verschiedene Lokfabriken 1 236 Maschinen. Bei der DRG wurden 1136 Loks eingenummert, zur DR kamen noch etwa 230.

Die T16^{1} waren so leistungsfähig, dass sie den Zahnstangenbetrieb auf vielen Steilstrecken ablösten. Auf der Strecke Suhl–Schleusingen kamen die letzten Maschinen bis 1974 zum Einsatz.

94 1292 wurde 1922 bei Henschel unter der Fabriknummer 18 885 gebaut und 1983 in die Liste der betriebsfähigen Museumsloks aufgenommen.

Museumslok 65 1049, noch mit Giesl-ejektor ausgerüstet, brachte den Jubiläumszug am 8. September 1979 von Arnstadt nach Ilmenau, um ihn in der dortigen Einsatzstelle an 94 1292 zu übergeben. ▶

Von Schleusinger Neudorf kommend erklimmt der Jubiläumszug am 8. September 1979 die 60‰-Steigung kurz vor dem Bahnhof Rennsteig.
Die Wagenzusammenstellung war jahrelang Standard auf der Rennsteigbahn.

Am 27. August 1988 befördert die Museumslok 94 1292 einen Sonderzug von Sonneberg nach Neuhaus am Rennweg, hier bei der Rückfahrt in Lauscha.

Im Februar 1972 ist 94 2043 mit P 69336 zwischen Eibenstock unterer Bahnhof und Eibenstock oberer Bahnhof auf der Strecke.

Baureihe 94^{19-21}

1908 lieferte Hartmann die ersten Lokomotiven der Gattung XIHT an die Sächsische Staatsbahn. Bis 1920 kamen 163 Maschinen in Dienst, von denen die DRG 147 in ihren Bestand nahm. Der DR verblieben noch 129 Loks, welche ausschließlich im sächsischen Raum stationiert waren. Als letztes Einsatzgebiet des Bw Aue befuhren sie die Steilstrecke Eibenstock. Hier war auch 94 2105 bis zum Abbau der Strecke 1976 tätig. Danach kam sie als nicht betriebsfähige Lokomotive in den Bestand des Verkehrsmusums Dresden und wird heute in Schwarzenberg betreut.

Auf der Eibenstocker Strecke wurden alle Züge gemäß Vorschrift für den Steilrampenbetrieb bergwärts geschoben, um dem Reißen von Kupplungen vorzubeugen.
Oben schiebt 94 2043 den PmG 69 340 mit »Güter-Steuerwagen« nach Eibenstock oberer Bahnhof und unten gibt die Museumslokomotive 942105 am 20. Juni 1987 auf einer ihrer einstigen Stammstrecken (Schönberg—Schleiz) in Mühltroff ein Gastspiel.

95 0020 ist am 18. Februar 1978 mit P 3487 Sonneberg — Saalfeld im Steinachtal kurz vor Lauscha unterwegs.

Baureihe 95^{0}

Nach den Erfolgen der Halberstadt-Blankenburger Eisenbahn mit den als »Tierklasse« bezeichneten Lokomotiven der späteren Baureihe 95^{66}, interessierte sich die Preußische Staatsbahn für eine starke Tenderlokomotive, welche sowohl den Zahnstangenbetrieb auf einigen Strecken ablösen, als auch auf den Rampen des Thüringer- und des Frankenwaldes als Zug- oder Schiebelokomotive dienen sollte. So entstanden ab 1922 bei Borsig und Hanomag insgesamt 45 Maschinen der Gattung T20, Bauart 1'E1' h2t mit 20 t Achslast. Zur Deutschen Reichsbahn der SBZ gelangten 31 Maschinen, welche vor allem im Südthüringer Raum, einige auch auf der Rübelandbahn im Harz, eingesetzt wurden. Die heutige Museumslokomotive 95 1027 baute Hanomag 1923 unter der Fabriknummer 10 185. 1961 erhielt sie im Raw Meiningen Ölhauptfeuerung und versah bis zur Abschiedsfahrt am 28. Februar 1981 Regeldienst. Danach wurde sie auf Rostfeuerung zurück gebaut und ist mit Unterbrechungen bis heute betriebsfähig.

Wenig später setzt 950020 im Spitzkehrenbahnhof Lauscha für die Weiterfahrt nach Saalfeld um.
Daneben steht die Schneeräumeinheit PSE 51, eine der durch das FEW Blankenburg ausgeführten 20 Lizenzbauten des sowjetischen Typs »Gawritschenko«.

Gelenklokomotive Bauart Günter-Meyer

Baureihe 98⁰

Bis sich das Gölsdorfsche Prinzip seitenverschiebbarer Achsen im Dampflokbau durchsetzte, experimentierten alle Lokomotivfabriken mit unterschiedlichsten Konstruktionen, um eine gute Bogenläufigkeit der Maschinen auch in engen Radien zu gewährleisten. Richard Hartmann in Chemnitz versuchte es u.a. mit der Bauart Günter-Meyer, wobei zwei im Hauptrahmen über Zapfen geführte Drehgestelle je zwei Zylinder trugen. Dazu waren jedoch flexible Dampfleitungen erforderlich, deren

Abdichtung Probleme bereitete. Außerdem neigten die Drehgestelle mit ihren kurzen Achsständen bei höheren Geschwindigkeiten zum Schlingern. So war das Prinzip der Günter-Meyer-Gelenklokomotiven zwar bei den Schmalspurloks der Gattung IVK sehr erfolgreich, weniger bei den auf der sächsischen Windbergbahn eingesetzten Maschinen der Gattung ITV.

Hartmann lieferte insgesamt 18 Lokomotiven der Bauart B'B'n4vt an die Sächsische Staatsbahn, die DRG übernahm noch 15 als 98001 bis 98015 von denen 12 zur DR gelangten. Der Uranbergbau der Wismut AG in Dresden Gittersee bescherte ihnen in den fünfziger Jahren noch einmal viel Arbeit.

◄ 98006 mit P2476, bestehend aus Windbergwagen, in der Einfahrt von Freital Ost am 20. Juni 1935.
Foto: Carl Bellingrodt
Slg. Eisenbahn-Stiftung

◄ 98009 beim Rangieren in Freital Ost.
Foto: Joachim Claus
Slg. Eisenbahn-Stiftung

98001 wurde 1910 von Hartmann unter der Fabriknummer 3377 gebaut. Am 20. August 1984 ist sie auf der Fahrzeugausstellung in Radebeul Ost zu sehen und seit 2002 im Industriemuseum Chemnitz.

Königlich Sächsisch

Ab 1882 erschlossen die Sächsischen Staatsbahnen die unwegigen Täler des Vogtlandes und des Erzgebirges aber auch schwach besiedelte Gebiete in Mittelsachsen durch Schmalspurbahnen mit 750 mm Spurweite. Eine Ausnahme machte die 5,4 km lange »Rollbockbahn« von Reichenbach nach Oberheinsdorf mit 1000 mm Spurweite, eröffnet 1902.
Man wählte diese Spurweite, weil der von Anfang an geplante Transport regelspuriger Güterwagen auf 750 mm zu gefährlich erschien.
Hierfür konstruierte Hartmann drei Fairlie-Loks der Bauart B'B'n4vt, Gattung I M. Dabei ruhen zwei Kessel auf einem Brückenrahmen über Drehgestellen und können somit Radien von minimal 15 m befahren. 99 162 (1902/2648) war mit kurzer Ausnahme bis 1962 in Reichenbach tätig. 1971 erfolgte die museale Aufarbeitung in Görlitz und seit 1999 ist sie wieder in der alten Heimat Oberheinsdorf zu Hause.

Für die 750 mm-Strecken entwickelte Hartmann die Gattung I K, Bauart Cn2t. Zwischen 1881 und 1892 kamen 44 Lokomotiven zu fast allen sächsischen Schmalspurstrecken. Die DRG übernahm noch 28 Maschinen als 99 7501 bis 7528, musterte sie jedoch mit einer Ausnahme bis 1928 aus.
2006 entstand das Projekt des Nachbaus einer solchen Lokomotive. Die Endmontage erfolgte im Dampflokwerk Meiningen. Seit 2009 ist I K Nummer 54 auf vielen Strecken im musealen Einsatz.

◄ Das letzte erhaltene Exemplar der Gattung I M wird heute in Oberheinsdorf bei Reichenbach (Vogtl) gepflegt. Das Vereinsgelände am 2. Juli 2022.

Schmalspurlokomotiven

Am 16. Juni 2012 befördert die Neubau IK Nummer 54 den Königlich Sächsischen Museumszug durch Radebeul nach Moritzburg.

Baureihe 99 51-60

1892 entwickelte Hartmann eine Gelenklokomotive mit zwei beweglichen Drehgestellen (System Günther-Meyer) für die 750mm-Schmalspurstrecken der Königlich Sächsischen Staatsbahn. Bis 1921 entstanden 96 Einheiten der Bauart B'B' n4vt, welche sich hervorragend bewährten. Die DRG übernahm 90 Maschinen, von denen 18 bis 1939 ausgemustert wurden. Zur Deutschen Reichsbahn der DDR kamen noch 57 einsatzfähige Lokomotiven. Davon setzte sie neun nach Rügen und in die Priegnitz um, alle übrigen verblieben in Sachsen. 30 Einheiten erhielten 1962-67 eine Großteilerneuerung, bei der Kessel, zum Teil auch Rahmen und Zylinder, ersetzt wurden. Die letzten planmäßigen Einsatzorte waren die Lokbahnhöfe in Schönheide, Jöhstadt und Mügeln.
Bis Mitte 1991 war der Bestand auf 13 Loks geschrumpft, das Ende absehbar. Dank der Aktivitäten von Privatpersonen, Vereinen und Eisenbahnbetriebsgesellschaften blieben 22 Maschinen erhalten, mehrere davon wechselseitig im aktiven Betrieb.

Auch nach 98 Jahren immer noch im Einsatz: 99 1608 (Hartmann 4521/1921) mit einem Fotogüterzug bei der Einfahrt in Hammer am 23. März 2019.

Im Oktober 1982 bespannt 99 1585 den wohl meist fotografierten P14287 von Wolkenstein nach Jöhstadt, rechts auf der Preßnitzbrücke bei Streckewalde.

99 713
99 715

Baureihe 99$^{64-65\text{ und }67-71}$

Henschel entwickelte 1918 für die Heeresverwaltung fünffach gekuppelte 750mm-Schmalspurloks, welche in Polen zum Einsatz kommen sollten. Die politische Entwicklung verhinderte das und so kaufte die Königlich Sächsische Staatsbahn die erste Serie von 15 Maschinen und bezeichnete sie als Gattung VI K. Die DRG übernahm die Loks als Baureihe 99 641-655. Zwei kamen 1928 nach Ochsenhausen, zwei 1944 nach Österreich ins Waldviertel.
Von 1923-27 beschaffte die DRG weitere 47 Nachbau-Lokomotiven mit geringen Veränderungen für verschiedene Schmalspurbahnen. Die DR unterzog von den 26 übernommenen Lokomotiven in den sechziger Jahren sieben Maschinen einer Generalreparatur und sieben weitere wurden quasi neu aufgebaut. Bis 1975 sind alle ausgemustert worden.
99 713 (Hartmann 4670) und 99 715 (Hartmann 4672) blieben erhalten und werden von der Sächsischen Dampfbahngesellschaft bzw. der PRESS noch heute zu bestimmten Anlässen eingesetzt.

120 Jahre Fichtelbergbahn war am 11. August 2017 Anlass für Sonder- und Planzüge, bespannt mit 99 713 und 99 715, links bei der Ausfahrt aus Cranzahl, rechts kurz vor Hammer. Die Loks waren dafür extra zur Fichtelbergbahn umgesetzt worden.

SILBERHÜTTE
99 5906-5

Erbe der Privatbahnen

Im Laufe der Entwicklung der 1920 aus den Länderbahnen hervor gegangenen Deutschen Reichseisenbahnen gelangten weitere Privat- und Länderbahnen in den Besitz oder unter die Verwaltung des Deutschen Reiches. Speziell mit den Kriegsvorbereitungen zum Überfall auf die Sowjetunion geschah das 1941 vor allem unter strategischen Gesichtspunkten. So existierten 1945 noch eine ganze Reihe von Bahnen in Privat- oder Länderbesitz mit insgesamt 3328km Streckenlänge auf dem Gebiet der sowjetischen Besatzungszone, welche nicht als kriegswichtig eingestuft worden waren.

In Vorbereitung und Durchführung der Gründung des »Arbeiter- und Bauernstaates« 1949 erfolgte die Enteignung fast aller verbliebenen Privatbahnen und die Eingliederung in die Deutsche Reichsbahn der DDR. Ausgenommen hiervon waren Industriebahnen, welche in der Regel keinen öffentlichen Personenverkehr betrieben. Eine Ausnahme machte die Muskauer Waldeisenbahn, welche 1951 unter die Verwaltung der DR kam. Weitere Industriebahnen wurden den inzwischen ebenfalls verstaatlichten Betrieben zugeordnet, welche ihre Dienstleistungen benötigten. Auch da gab es wieder eine Ausnahme: Der Volkseigene Betrieb (VEB) Industriebahn Erfurt blieb bis zum Ende der DDR selbstständig.

Der Fahrzeugpark der Privatbahnen und der meisten Schmalspurbahnen orientierte sich an den topografischen Voraussetzungen der Strecken und den finanziellen Möglichkeiten der jeweiligen Gesellschaft. So übernahmen einige Bahnen Lokomotivkonstruktionen, welche für Länderbahnen ausgeführt wurden, z.B. die preußische T3, oder sie vergaben eigene Konstruktionsaufträge an die Lokomotivbauanstalten oder sie kauften gebrauchtes Material von anderen Bahnen, z.B. der Heeresfeldbahn.

Da es sich bei diesen Bestellungen meist um sehr kleine Stückzahlen oder Einzelanfertigungen handelte, waren die Ergebnisse nicht immer optimal und bei Herstellungs- und Unterhaltungskosten relativ teuer. Andererseits gelang es aber z.B. der Halberstadt-Blankenburger Eisenbahn mit den Lokomotiven der »Tierklasse« Vorreiter für den Adhäsionsbetrieb auf Steilstrecken zu sein.

Auch für die Industrie waren Einzelanfertigungen wenig wirtschaftlich und so gründete sich 1917 der Engere Lokomotiv-Normen-Ausschuss (ELNA) unter Federführung von Hanomag und entwickelte die vereinheitlichten Typen 1 bis 6. Etwa 200 Lokomotiven der Bauarten C, 1'C und D kamen von 1922 bis 1946 in Dienst. Für die 1000mm-Schmalspurbahnen des Harzes entwarf Krupp moderne 1'C1'h2, 1'D1'h2 und 1'E1'h2-Typen. Allerdings wurde davon 1925 nur die NWE21, die spätere 996001 realisiert.

Die DR übernahm mit Wirkung zum 1. Januar 1950 die ganze Lokomotivvielfalt der Privatbahnen (383 Regelspurmaschinen, darunter etwa 70 ELNA-Loks) und reihte sie nach dem Umzeichnungsplan vom 12. Dezember 1949 in den Betriebspark ein, musterte die Maschinen allerdings in den sechziger Jahren weitgehend aus. Im Schmalspurbereich erledigte sich das Problem durch die starke Reduzierung des Netzes von 1600km auf 558km (1970) quasi von allein. Trotzdem waren einige Lokomotiven auch 1993 noch im Regeldienst tätig.

Am 16. Oktober 1976 bzw. 3. August 1977 (Bild rechts) ist Lok 4 des VEB Industriebahn Erfurt im Rangierdienst tätig.

Lokomotive 91^{6580}

1938 bauten Henschel & Sohn für die Ilmenau-Großbreitenbacher Eisenbahn eine 1'Ch2-Lokomotive, welche auf der ELNA 5-Type basierte, allerdings statt des Rahmenwasserkastens seitliche und einen Kessel der BR81 erhielt. Bei der DR bekam sie die Nummer 91 6580 und war im Bw Arnstadt, ab 1953 im Bw Gotha stationiert. 1965 erwarb die Industriebahn Erfurt die inzwischen u.a. mit einem Oberflächenvorwärmer Bauart Knorr ergänzte Lok und setzte sie bis 1979 ein.

Nach der betriebsfähigen Aufarbeitung 1990 wurde 91 6580 dem Traditionspark der Rbd Erfurt unter der DB-Nummer 088 916-2 zugeteilt und ist im Oktober 1991 im Sonderzugeinsatz in Kronach (Bild rechts) tätig.
Foto: Susanne Feuereißen

Industriebahn Erfurt

Als eigenständiges städtisches Unternehmen überstand der im Nordosten Erfurts gelegene VEB Industriebahn die DDR. 1990 in eine GmbH überführt ist sie heute als Erfurtbahn vor allem im regionalen Personenverkehr tätig.

ELNA-Lokomotiven 91^{61-67}

Von den über 200 für deutsche Privat- und Kleinbahnen gebauten Dampflokomotiven der ELNA-Reihe übernahm die DR mit den 1949/50 verstaatlichten Bahnen ca. 70 Maschinen, darunter 40 Lokomotiven der Bauart 1'Ch2. Die Letzte wurde 1972/73 ausgemustert und so schaffte es keine in den vom Verkehrsminister am 1. März 1975 angeordneten Museumsbestand.
Die ELNA-Typisierung ist ein wichtiger Baustein im Dampflokbau, denn das Vereinheitlichungsprogramm der DRG erfasste nur Typen für staatliche Eisenbahnen.

Beispielhaft soll deshalb die heute noch bei der Haaksbergener-Museumsbahn eingesetzte ELNA 5-Type, ehemals Lok 152 der Teuteburger Wald-Eisenbahn, gezeigt werden.

Am 28. September 2024 ist Lok 152 zwischen Boekelo und Haaksbergen mit einem Foto-PmG für Eisenbahnfreunde unterwergs.

Baureihe 95^{66}

Die Halberstadt-Blankenburger Eisenbahn erbaute 1884 bis 1886 den Streckenabschnitt Blankenburg—Rübeland—Tanne mit Steigungen bis zu 60‰. Solche Steilstrecken konnten nach damaliger Auffassung nur mittels Zahnstangen bewältigt werden. Die wartungsintensiven und am Berg sehr langsamen Zahnradloks sollten jedoch ab 1917 durch Adhäsionsmaschinen abgelöst werden.

In Rübeland wird »Mammut« 99 6676 aufbewahrt, sorgfältig gepflegt und gelegentlich vor dem Lokschuppen präsentiert.

Die Lokomotivausstellung in Erfurt West ist am 12. Juni 1982 für kurze Zeit Heimat für die bullige Harzerin.

Am 15. August 2015 trifft 95 1027 anlässlich einer Sonderfahrt auf ihre Vorgängerin 99 6676 in Rübeland.

Borsig konstruierte einen 1'E1'h2t-Typ, dessen erstes Baumuster 1920 zur HBE kam. Alle Probefahrten erfüllten die Erwartungen und auch das Abbremsen bei Talfahrt wurde mittels Riggenbach-Gegendruckbremse problemlos bewältigt. Im gleichen Jahr erfolgte die Lieferung einer zweiten Lokomotive und 1921 zwei weiterer. Wegen ihres bulligen Aussehens wurden sie als Mammut, Wisent, Büffel und Elch bezeichnet.
Die »Mammut« (95 6676, Fabriknummer 10353) war bis 1968 im Einsatz und ist als Museumslok erhalten.

Lokomotiven $99^{3351-53}$ und 99^{3462}

Lenz & Co. eröffnete ab 1892 die Mecklenburg Pommersche Schmalspurbahn mit 600 mm Spurweite, deren größte Ausdehnung in den dreißiger Jahren 216 km betrug. Dafür lieferte Jung von 1906-1908 drei C1'n2-Tenderlokomotiven, welche bei der MPSB in Eigenregie jeweils mit einem Wassertender ausgerüstet wurden. Für das gestiegene Verkehrsaufkommen erwarben die MPSB 1934 u.a. die noch heute erhaltene Dh2-Maschine von Orenstein & Koppel, welche die DR als 99 3462 übernahm.

◄ 99 3352 am 17. Juli 1977 in Friedland.

99 3462 bei einer Fotoveranstaltung auf der Muskauer Waldeisenbahn am 29. März 2014. ▼

Baureihe 99^{33}

Die Muskauer Waldbahn ist eine nach der Enteignung ab 1951 zur DR gehörige Industriebahn mit 600 mm Spurweite. Sie verband Forst, Kohle-, Sand- und Tongruben mit Sägewerk, Mühle, Papierfabrik, Glashütte und Ziegelei. Der planmäßige Verkehr endete 1978.

Ab 1984 engagierten sich Eisenbahnfreunde zur Rettung noch vorhandenen Materials und 1991 begann der Wiederaufbau als Touristikbahn.

1977 waren noch zwei Dampflokomotiven im täglichen Einsatz. 99 3312 (Borsig 8472) kam 1912 als »Diana« zur Waldbahn. 99 3316 (Borsig 9757) ist eine von 2541 gebauten Brigadelokomotiven, welche 1950 nach Krauschwitz kam.

Tonzug, bespannt mit 99 3312, in der Ausweiche Trebendorfer Straße beim Wassernehmen am 5. August 1977.

Kohlezug mit 99 3316 und 99 3312 auf der Fahrt von Muskau nach Köbeln vor der Querung der Gablenzer Landstraße am 5. August 1977.

Kohlezug, bespannt mit 99 3317 und nachgeschoben von »Diana« 99 3312, am 3. November 2002 in Bad Muskau.

99 4011-5

Am 20. Mai 2012 ist 99 4011, alias Mansfeld Lok 7, zwischen Posewald und Beuchow mit P 112 nach Putbus unterwegs.

Lokomotive 99 4011

Orenstein & Koppel baute 1931 einen Vierkuppler Bauart D h2t mit der Fabriknummer 12348 für die Mansfelder Bergwerksbahn (750 mm Spurweite). Er kam 2002 zum Bw Putbus, erhielt die Fantasienummer 99 4011 und war von 2008 bis vorläufig 2020 im Einsatz.

Lokomotive 99 4532

Orenstein & Koppel lieferte 1908 eine vierfach gekuppelte Lokomotive mit Klien-Lindner-Hohlachsen an die 750 mm-Trusebahn, 1924 kam die baugleiche »Trusetal« dazu (Fabriknummer 10 844). Die DR übernahm sie als 99 4532. Nach einer Aufarbeitung 1962

verrichtete sie Dienst auf der Insel Rügen, ab 1963 schließlich als Rangierlok in Zittau. 1989 endete der aktive Einsatz der »Hofdame«. 1990 ausgemustert, ging die Maschine 1996 in das Eigentum der SOEG (Sächsisch-Oberlausitzer Eisenbahngesellschaft) über, 2001 erwarb sie der Interessenverband Zittauer Schmalspurbahnen.

Die »Hofdame« 99 4532 im Juni 1984 in Zittau.

Am 15. Juli 1977 kreuzen 99 4632 mit P 14125 und 99 4631 mit P 14124 in der Ausweiche bei Posewald.

Die Rügensche Kleinbahnen Aktiengellschaft (RÜ.K.B.) ließ 1895 die 750 mm-Schmalspurstrecke von Puttbus nach Binz errichten. Nach nur viermonatiger (!) Bauzeit fuhren am 20. Juli 1895 die ersten Züge bis Binz, 1899 weiter bis Göhren. 1949 ging die Strecke in das Eigentum der DR über, 1976 stellte der Rat der Stadt Rostock sie unter Denkmalschutz.

Baureihe $99^{4631-33}$

1913/14 beschaffte Lenz bei Vulcan zwei vierfach gekuppelte Lokomotiven des Typs M mit den Fabriknummern 2896 und 2951. 1925 kam eine weitere Maschine (3851) hinzu. Die gute Leistungsfähigkeit der Heißdampflok führte zum nachträglichen Umbau der ersten beiden (Mh51-52). 1949 übernahm die DR die Loks als 99 4631-33. Mh51 wurde 1984 ausgemustert und nach Lehrte verkauft. Sie kehrte 2002 zurück. Die Aufarbeitung scheiterte an der Insolvenz des damaligen Betreibers. Sie ist jetzt in Kanzach abgestellt. 99 4632 und 33 befinden sich mit Aufarbeitungsunterbrechungen bis heute im Dienst.

Mesendorf (Pollo) am 6. Mai 2013

Baureihe 99 $^{4541-44}$

Für die von 1897 bis 1912 errichteten Kleinbahnen der Kreise Ost- und Westprignitz mit 750 mm Spurweite lieferte Orenstein & Koppel 1923 eine Dn2 Tenderlokomotive. Die DR übernahm sie als 99 4544. Auch nach der Rekonstruktion verblieb die Maschine in der Prignitz. Nach der Betriebseinstellung 1971 wanderte sie als Denkmal auf einen Sockel in Lindenberg und wartete auf den teilweisen Wiederaufbau der Schmalspurbahn zwischen Mesendorf und Lindenberg.

Baureihe 99 $^{4651-53}$

Ende 1900 wurde die Jüterbog-Luckenwalder Kreiskleinbahn mit 750mm Spurweite eröffnet, 1939 aber aus Rentabilitätsgründen an den Militärfiskus verkauft. So gelangte ein 1941 von Henschel an die Heeresfeldbahnen gelieferter C-Kuppler (HF110C) mit Schlepptender zur JLKB. 1949 übernahm die DR diese Maschine als 99 4652. Nach der Betriebsaufgabe der Kleinbahn 1963-65 wurde sie nach Rügen umgesetzt und 1968 in Putbus ausgemustert. 1974 erfolgte nach Umspurung auf 600mm der Verkauf an Walter Seidensticker in die Bundesrepublik Deutschland. 1981 wurde die Umspurung rückgängig gemacht und die Lok fuhr nun auf der Jagsttalbahn und beim Öchsle, 1999 schenkte Seidensticker die Lok dem Landkreis Rügen und 2015 erfolgte eine betriebsfähige Aufarbeitung.

Klenzenhof (Pollo) am 7. Juni 2015

Am 6. Mai 2016 ist 994652 beim Pollo (Mesendorf–Lindenberg) zu Gast und befördert einen Güterzug bei Tüchern.

99 4802-7

Baureihe 99 4801-02

1938 lieferte Henschel zwei 1'D h2t-Lokomotiven an die Jerichower Kleinbahnen (24367 und 24368). 1949 übernahm die DR sie als 99 4801 und 99 4802. Die Letztere war kurz zuvor noch umgebaut worden. Die DR machte den Umbau wieder rückgängig und setzte die Loks seit 1965 auf der Insel Rügen ein. 1996 wurden sie von den wieder privatisierten RüKB übernommen.

Im Juli 1984 ist 99 4802 mit dem aus rekonstruierten sächsischen Schmalspurwagen bestehenden P 14106 von Göhren (rechts) über Garftitz (oben) und Serams (links) nach Putbus unterwegs.

Lokomotive 99 5633

1917 lieferte Jung fünf 1'Cn2t-Maschinen an die Pillkaller Kleinbahn in Ostpreußen bei Königsberg. Nach dem Krieg befand sich eine Lok bei der Spreewaldbahn und erhielt die Nummer 99 5631, später 99 5633. 1971 arbeitete sie das Bw Wernigerode Westerntor auf mit anschließendem Verkauf an den Deutschen Eisenbahnverein in Bruchhausen-Vilsen.

Lokomotive 99 5605

Für die Franzburger Kreisbahn lieferte Vulcan 1894 eine Bn2t-Lokomotive, stammend aus einer Serie von 38 Maschinen. Die DR setzte die als 99 5605 eingenummerte Lok bis 1968 ein. Dann erfolgte der Verkauf an einen westdeutschen Freizeitpark. 1980 erwarb sie der Deutsche Eisenbahnverein mit dem Ziel der betriebsfähigen Aufarbeitung (1982).

Die Lokomotiven »Franzburg« und »Spreewald« auf der 1000mm-Museumsbahn Bruchhausen-Vilsen–Asendorf am 24. Mai 2015.

99 5902 bespannt P 69727 am 9. Februar 1981, von Straßberg über Alexisbad kommend, bei der Einfahrt in Harzgerode.

Am 18. Oktober 2003 beschleunigen 99 5902 mit P 8963 nach Stiege und 99 5906 mit einem Sonderzug nach Harzgerode bei der Doppelausfahrt in Alexisbad. ▶

Baureihe 99 5901-06

1897 lieferte Jung zwei Malletlokomotiven (258 und 261) der Bauart B'B n4vt an die Nordhausen-Wernigeröder Eisenbahn-Gesellschaft (NWE), Sie bewährten sich so gut, dass 1898 die 345 und 1901 die 464/465 folgten. Die DR übernahm die Loks fortlaufend als 99 5901 bis 05 und setzte sie ab 1956 zur Selketalbahn um.

Die ähnliche 1918 von Karlsruhe gebaute Mallet 2052 mit etwas größeren Rädern und Führerhaus bekam die Nummer 99 5906 und verrichtete bis 2022 Dienst auf der Selketalbahn.

◄ Am 30. April 1989 führt 99 6001 den aus rekonstruierten Wagen bestehenden P 69714 in Drahtzug.
Am 12. Juli 1977 dagegen bestand P 69716 noch aus alten Wagen der Harzquerbahn bei der Fahrt von Gernrode nach Harzgerode am Bahnübergang mit der Fernverkehrsstraße 242. ▼

Lokomotive 99 6001

1939 lieferte Krupp eine typisierte 1'C1'h2-Maschine (1875) an die NWE. Die moderne und leistungsfähige »Ballerina« kam 1956 zur Selketalbahn und fuhr mit Unterbrechungen bis 2024.

99 6102-0
99 6102-0

Lokomotiven 99 6101 und 02

Henschel lieferte 1914 zwei C-Kuppler als Heiß- und Nassdampfvariante an die Heerestechnische Prüfungskommision (12 879 und 12 880). Nach ihrer Erprobung erwarb sie 1917 bzw. 1920 die NWE. Bei der DR erhielten sie die Nummern 99 6101 und 99 6102 und wurden vor allem im Rangierdienst eingesetzt.

Am 12. November 1986 wird 996102 in Gernrode für eine Fahrt nach Stiege mit dem Gleismessfahrzeug 79 vorbereitet, oben ist sie damit bei Drahtzug unterwegs.
Links bespannen am 26. Juli 2001 99 6102 und 99 6101 einen Sonderzug nach Alexisbad in der Ausfahrt von Gernrode.

In den dreißiger Jahren war der geringe Personenverkehr auf vielen Klein- und Schmalspurbahnen zum wirtschaftlichen Problem geworden. Der Einsatz von Personenzügen mit Güterbeförderung (PmG) hatte wegen des Rangierens auf den Unterwegsbahnhöfen sehr lange Reisezeiten zur Folge und so wanderten die Passagiere zum Omnibus auf der Straße ab.
Dem begegneten die Bahnverwaltungen mit der Beschaffung von Triebwagen, deren preisgünstigste Varianten Motoren und Getriebe aus dem Lkw-Bau verwendeten.

VT 137 531/532

Die Waggonfabrik Dessau baute 1935/39 zwei Triebwagen der Bauart (1A)'(A1)' für 1000 mm Spurweite und lieferte sie an die Franzburger Kreisbahnen.
Die DR übernahm diese Fahrzeuge und setzte sie bis Ende der sechziger Jahre ein. VT 137 532 wurde am 1. Juni 1976 an den Deutschen Eisenbahnverein nach Bruchhausen-Vilsen verkauft. Dort erfuhr er 1975 eine betriebsfähige Aufarbeitung und versieht als T42 mit Unterbrechungen bis heute Dienst.

Am 16. Juli 2016 feiert der Deutsche Eisenbahnverein (DEV) seinen 50. Geburtstag. Aus diesem Anlass zeigt er all seine Fahrzeuge in authentischen Zuggarnituren, die meisten betriebs- oder zumindest rollfähig.

T42 (ex VT 137 532) in Bruchhausen-Vilsen

»Schweineschnäuzchen« und »Ameisenbär«

Die Waggonfabrik Wismar stellte sich zu Beginn der dreißiger Jahre den Wünschen verschiedener Bahngesellschaften nach einem preisgünstigen »Schienenomnibus«. Die Triebwagen wurden unter weitgehender Verwendung serienmäßiger Lkw-Bauteile entwickelt und für fast alle Spurweiten angeboten. Der Ford AA-Motor trieb mit dem Lkw-Getriebe (vier Vorwärts-, ein Rückwärtsgang) die vordere Achse an. So musste für die andere Fahrtrichtung ein gleicher Antriebsstrang eingebaut werden. Das ergab dann auch das typische Erscheinungsbild der Triebwagen mit den beiden »Schnauzen« und verlieh ihnen die Spitznahmen.
Von den 1949/50 zur DR gelangten Triebwagen blieb leider keiner erhalten.

▲ T1 (Wismar 21146/1940, 900 mm) der Borkumer Kleinbahn ist am 30. September 2023 in Heiligendamm zu Gast.
◄ Lok 60 fährt am 30. Juni 2016 neben T41 des DEV (Wismar 1932, 750 mm) in Asendorf ein.

T1 (1435 mm) der Kleinbahn Delmenhorst–Karpstedt ist am 29. September 2024 zwischen Bokelo und Haaksbergen unterwegs.

62 015
102

Erbe der Reichsbahnzeit

Das am 18. Januar 1871 ausgerufene Deutsche Kaiserreich hatte auf die Fahrzeugbeschaffungen der Länderbahnen kaum Einfluss. Erst im Laufe des Ersten Weltkrieges reifte die Erkenntnis, dass Wartung und Reparatur von Kriegsgerät und kriegswichtigen Eisenbahnen ungeheuer erschwert wurde, weil keine bayerische Schraube in eine preußische Mutter passte, geschweige denn ganze Baugruppen getauscht werden konnten.

In der Folge gründete sich Ende 1917 der Normenausschuss der deutschen Industrie und vereinbarte Deutsche Industrienormen (DIN). Damit war eine der Grundlagen geschaffen, zukünftig zu entwickelnde und zu bauende Eisenbahnfahrzeuge zumindest teilweise mit vereinheitlichten Baugruppen auszurüsten.

Die 1919 beschlossene Weimarer Reichsverfassung sah unter anderem eine Zusammenführung und Eigentumsübergabe der Länderbahnen an das Deutsche Reich mit Wirkung zum 1. April 1920 vor. Zunächst hießen sie Deutsche Reichseisenbahnen, ab 1921 Deutsche Reichsbahn (DRB). 1924 wurde sie aus dem Reichsverkehrsministerium ausgegliedert und als eigenständige staatliche Deutsche Reichsbahn-Gesellschaft (DRG) geführt. 1937 beendete Adolf Hitler diese Eigenständigkeit und unterstellte die Bahn wieder direkt der Verwaltung durch das Reichsverkehrsministerium.

Mit dem Ende des Zweiten Weltkrieges übernahmen die vier Besatzungsmächte die Kontrolle und bendeten die einheitliche Verwaltung. Mit Gründung zweier deutscher Staaten 1949 war auch die Gründung der Deutschen Bundesbahn (einheitliche Verwaltung der amerikanischen, britischen und französischen Besatzungszone) und der Deutschen Reichsbahn der DDR (sowjetische Besatzungszone und Berlin) verbunden.

Die DRB übernahm 1920/21 über 400 verschiedene Lokomotivtypen von den Länderbahnen und es erschien technisch und wirtschaftlich unabdingbar, sich zukünftig auf einige wenige Baureihen mit vereinheitlichten Grundsätzen zu beschränken. Mit dem Typisierungsplan von 1923 war dann eine Grundlage für die deutschen Einheitslokomotiven geschaffen und am 1. Dezember 1925 lieferte Borsig die erste Maschine.

Obwohl die meisten Einheitsloks nach Beseitigung mancher Konstruktionsmängel als gelungen anzusehen sind, hemmten die Weltwirtschaftskrise und der langsame Fortschritt beim Ausbau der Hauptstrecken auf 20 t Achslast die schnelle Ablösung der Länderbahnlokomotiven. 1930 waren erst 500 Einheisloks in Dienst gestellt worden, bis 1938 waren es 1500. Erst ab 1939 stiegen die Beschaffungen erheblich an, jetzt aber unter dem Zeichen der Kriegsvorbereitung, verbunden mit technischen Vereinfachungen und zum Teil schlechteren Baustoffen. Bis 1945 wurden rund 14500 Einheitsdampflokomotiven für Regel- und Schmalspur gebaut.

In die dreißiger Jahre fällt der spektakuläre Höhepunkt der Einheitskonstruktionen mit dem Bau der Reihe 05. Stromlinienverkleidet erreichte 05002 am 11. Mai 1936 zwischen Hamburg und Berlin 200,4 km/h.

Die DR der DDR übernahn aus dem Einheitsprogramm die Baureihen 01, 03, 03.10, 24, 41, 42, 43. 44, 50, 52, 61, 62, 64, 80, 84, 86, 99.22, 99.32 und 99.73-76.

Bild rechts: Das Bahnbetriebswerk Dresden Altstadt am 18. Mai 1977.

Bild rechts unten: 01 2066 (Schwartzkopff 1928/9020) mit D 1071 »Städteschnellverkehr« aus Berlin in Dresden Hauptbahnhof am 4. August 1977.

Beeindruckend sind die mächtigen Hallenkonstruktionen der Dresdner Bahnhöfe aus der Jahrhundertwende. 01 2204 mit D 378 bei der Einfahrt in Dresden Neustadt am 29. August 1977. ▼

Dampflokomotiven

Baureihe 01 0-2

Als vordringlichstes Projekt der frisch gegründeten Deutschen Reichsbahn galt 1920 die Entwicklung einer Schnellzuglokomotive. Borsig und Henschel legten dem Engeren Lokomotivausschuss 1922 je ein Programm vereinheitlichter Lokomotiven vor. Bei Borsig wurde schließlich das Vereinheitlichungsbüro unter August Meister eingerichtet und erarbeitete fortan die Entwürfe der meisten Einheitslokomotiven.
Dazu gehörten die Baureihen 01 und 02 mit Zwillings- bzw. Verbundtriebwerk. Richard Paul Wagner war inzwischen Lokbaudezernent und ein Anhänger der preußischen (Garbe'schen) Sparsamkeit. So ist es kein Wunder, dass die Konstruktion des Verbundtriebwerkes der 02 mangelhaft war und die Maschinen im direkten Vergleich mit dem Zwilling 01 keine Vorteile brachten. Borsig und AEG lieferten die ersten 10 Lokomotiven der Reihe 01, Henschel und Maffei 10 der Reihe 02. Alle 02er wurden 1937 bis 1942 in 01er umgebaut, so dass die DRG schließlich 242 schwere Schnellzugmaschinen zur Verfügung hatte.
Zur DR gelangten 70 Loks, von denen 65 aufgearbeitet werden konnten. Wegen des Schwerölmangels erfuhren 1980/81 einige Lokomotiven beim Bw Saalfeld eine kurze Renaissance.

01 2120 (Borsig 1927/12031) mit D 378 »Istropolitan« (Bratislava–Berlin) auf der Elbebrücke in Dresden am 18. Mai 1977.

01 2204 (Henschel 1937/23256) mit D 924 Dresden–Berlin–Rostock bei Oberau am 13. Juni 1976.

01 2204 mit E 805 nach Saalfeld auf der Elsterbrücke bei Bad Köstritz am 25. Mai 1980.

1990 war das große Jahr für westdeutsche Eisenbahnfreunde, die gerade noch existierende DDR mit Hilfe der zahlreichen Museumslokomotiven zu entdecken.
03 001 mit einem Sonderzug nach Nürnberg in Plauen Vogtl ob Bf am 16. April 1990.

Rechts oben verkehrt die im Stil der sechziger Jahre geschmückte Lok am 22. November 1991 für Filmaufnahmen auf der Elstertalbahn im Haltepunkt Elsterberg Kunstseide.

Darunter führen die Museumslokomotiven 03 001 und 01 005 (rollfähig) den historischen Sonderzug zur Riesaer Lokparade bei Stauchitz am 8. April 1989.

Baureihe 03^{0-2}

Ende der zwanziger Jahre zeichnete sich ab, dass der Streckenausbau für 20t Achslast nicht schnell genug voran kam und folglich eine leichtere Schnellzuglok als die 01 gebraucht wurde. Neben dem Vereinheitlichungsbüro reichten auch Henschel und Schwartzkopff entsprechende Entwürfe ein. Daraus entstand die Konstruktion einer 2'C1'h2-Maschine mit 17,5t Achslast, welche Borsig mit drei Vorauslokomotiven schon 1930 umsetzte. Ihnen folgten 295 weitere Maschinen für die DRG.

Die DR übernahm 86 Loks und setzte sie im hochwertigen Reisezugdienst ein. 03001 (Borsig 12251) stand 1944 im Bw Gerstungen und wurde 1946 instand gesetzt. Über viele Stationierungen im Norden und Osten der DDR kam für sie 1968 das Aus im Bw Halle P. 1978 erlebte die Maschine ihre Wiedergeburt, als das Raw Meiningen sie zur betriebsfähigen Museumslokomotive aufarbeitete.

Baureihe 24

Ende der zwanziger Jahre waren viele alte Länderbahnlokomotiven im Nebenbahndienst so verschliessen, dass Bedarf an neuen vereinheitlichten Maschinen entstand. Der engere Lokausschuss beschloss deshalb Anfang 1928 die Erweiterung des Einheitsprogrammes um die Baureihen 24, 64 und 86, die in weitgehender Übereinstimmung konstruiert und gebaut werden sollten.
Schon Ende 1928 lieferten Schichau und Linke-Hofmann die ersten 17 Lokomotiven der Bauart 2'C h2 aus. Insgesamt entstanden 95 Maschinen der Baureihe 24, welche vorzugsweise auf flachen Strecken im gesamten Reichsgebiet zum Einsatz kamen.
Nach dem Krieg fanden sich fünf Loks in der SBZ, die nach Aufarbeitungen etwa bis 1968 bei der DR Dienst verrichteten.
1928 kam die heutige Museumslokomotive 24 004 zum Bahnbetriebswerk Wrietzen. Nach Abstechern u.a. in die Ostgebiete und nach Österreich endete ihr aktiver Dienst 1968 beim Bw Jerichow.
Die aus derselben von Schichau 1928 gelieferten Serie stammende und bei der DR verbliebene 24 009 wurde 1972 nach Westdeutschland an den Eisenbahn-Kurier e.V. verkauft.

Oben präsentiert sich 24 004 (Schichau 3119) am 12. August 1989 auf der Lokausstellung in Annaberg Buchholz.
Das »Steppenpferd« 24 009 (Schichau 3124) wurde aus dem Bestand des Bw Jerichow betriebsfähig ausgemustert und am 9. September 1972 als 37 1009 in die Bundesrepublik Deutschland überführt. Sie versah bis 2007 viele Sonderzugdienste, wie hier am 29. Oktober 2006 bei einer Ruhrgebietsrundfahrt in Solingen. ▶

24 009

Baureihe 42

1941 entstand das Projekt einer Kriegslokomotive mit dem Kessel der 44er und dem Fahrwerk der 50er vor allem zum Einsatz auf den für 18t Achslast ausgebauten Strecken in Österreich und der Sowjetunion. Aus den 20 Vorschlägen der Industrie erging schließlich der Auftrag an Henschel zwei Probelokomotiven mit Brotankessel zu bauen. Als 420001 (28000) wurde die erste Maschine 1943 ausgeliefert, wenig später eine zweite. Es blieben die einzigen mit diesem Kessel.

Der Serienbau kam 1944 mit einem normalen Stehbolzenkessel in Gang. 844 Lokomotiven entstanden bis Kriegsende bei der Maschinenfabrik Esslingen, Schwartzkopff, Schichau und der WLF. Nach dem Krieg wurden noch 21 Einheiten aus vorhandenen Teilen nachgefertigt. Die DR verfügte insgesamt über 49 Maschinen dieses 1'Eh2-Typs und setzte sie bis 1969 zuletzt in den Bw Angermünde und Pasewalk ein. Obwohl eine Maschine bis 1975 existierte, schaffte sie es nicht auf die Denkmalliste des Verkehrsmuseums Dresden.

Besser erging es der 1948 von der WFL (17615) gelieferten 422718. Sie kam direkt zur Luxemburgischen Staatsbahn und erhielt die Nummer 5519. Die Lok überlebte auf einem Sockel in Bettembourg und erfuhr 1991 die erste museale betriebsfähige Aufarbeitung mit Endmontage im Raw Meiningen. 2002 wurde die Maschine neu bekesselt und weilte 2013 wiederum zur Aufarbeitung im Dampflokwerk Meiningen. Dabei musste sie sich bei Erprobungsfahrten im Werratal beweisen, bevor sie nach Luxemburg zurück kehrte.

Links ist CFL 5519 mit dem Meininger Hilfszug am 25. September 2013 zwischen Wernshausen und Breitungen nach Bad Salzungen unterwegs.

Unten beschleunigt sie nach der Kreuzung und Überholung mit den Triebwagen des ÖPNV bei der Rückfahrt nach Meiningen in Wernshausen.

Baureihe 43

Im Typisierungsplan von 1923 war eine schwere Güterzuglokomotive mit 20t Achslast enthalten, um vor allem die G12 abzulösen. Der uralte Streit, ob der in Betrieb und Unterhaltung etwas günstigeren Zweizylinder- oder doch besser einer Dreizylindervariante der Vorzug zu geben sei, entflammte erneut. Im Ergebnis entstanden die Konstruktionen der Baureihen 43 (zwei Zylinder) und 44 als Drilling.
1926 bauten Henschel, Schwartzkopff und Esslingen zehn 44er, ein Jahr später lieferte Henschel die ersten fünf 43er, Schwartzkopff weitere fünf.
Nach vergleichenden Messfahrten von 43 007 und 44 004 bei der LVA Grunewald, entschied sich die DRG für den Serienbau der 43er wegen eines geringfügig besseren Wirkungsgrades der 1'Eh2-Bauart.
Insgesamt 35 Lokomotiven beschaffte die DRG, welche sich nach dem Krieg bei der DR befanden. Sie waren vor allem in den Rbd Erfurt und Dresden tätig, später auch in Cottbus.
43 001 (Henschel 20726/1927) begann ihre Laufbahn beim Bw Erfurt und beendete sie am 30. Juli 1968 in Cottbus. 1976 arbeitete sie das Raw Meiningen als rollfähige Museumslokomotive auf.

Das museale Güterzug-Bw Hilbersdorf (SEM) ist seit 2000 Heimat von 43 001. Sie wird bei vielen Ausstellungen präsentiert, auch mit Rauch, stammend von etwas Putzwolle in der Rauchkammer. Die mit 720 mm mächtigsten Zylinder aller Einheitslokomotiven sind im Vergleich zur Größe des interessierten Personals gut zu erkennen.

43 001

Baureihe 44

Schon im 1. Typisierungsprogramm der DRG war eine schwere Güterzuglokomotive enthalten. Zu Vergleichszwecken wurden je 10 Exemplare mit Zwillings- (BR 43) und Drillingstriebwerk (BR 44) beschafft. Obwohl die 43er etwas sparsamer waren, sorgten die steigenden Zuglasten in den dreißiger Jahren dafür, dass die 44er der Bauart 1'Eh3 mit dem gleichmäßigeren Drehmoment des Drillingstriebwerkes weiter gebaut wurden, bis 1945 mit insgesamt 1753 Exemplaren, ab 1942 mit kriegsbedingten Vereinfachungen. Die DR übernahm 335 Lokomotiven und ließ weitere zehn aus vorhandenen Teilen in Hennigsdorf fertigstellen. 1965 wurde die schwere Arbeit der Heizer durch den Einbau einer Ölhauptfeuerung in 97 Loks erleichtert, 22 erhielten eine Kohlenstaubfeuerung System Wendler.

Die kohlegefeuerten Maschinen hielten sich bis 1974 im Einsatz. Für die ölgefeuerten kam im Januar 1982 das Aus, nachdem die UdSSR das Öl verteuerte und die gelieferten Mengen einkürzte. Einige Maschinen wurden nun wieder auf Rostfeuerung zurück gebaut, die meisten jedoch nur als fahrbare Dampfspender.

Links dampft 44 2225 am 1. Oktober 1995 durch Nisky, oben durch Weißwasser und rechts beschleunigt sie nach einer Kreuzung in Neuhausen.

Die 1989 auf Rostfeuerung zurück gebaute 44 225 (BMAG 1939/11279) wurde 1994 an den Lausitzer Dampflokclub verkauft und optisch annähernd in den Ursprungszustand versetzt. Bis zum Fristablauf 1998 bespannte sie viele Züge für Fotografen, u.a. in der Lausitz und im Werratal.

Links dampft 44 2225 am 6. Oktober 1996 durch Kamenz, unten fährt sie am selben Tag mit einem Nahgüterzug in Straßgräbchen-Bernsdorf ein.

Baureihe 50

1937 entwickelte das Vereinheitlichungsbüro eine Güterzug-Schlepptenderlokomotive mit 15t Achslast der Bauart 1'Eh2, um vor allem auf Nebenbahnen alte Länderbahnloks abzulösen. Dort waren an den Endbahnhöfen aber häufig nur kleine oder gar keine Drehscheiben zum Wenden der Maschinen vorhanden. So löste man das Problem mit dem Vorspannen der Lok-Tenderkupplung und einer Stirnwand am Tender. Damit konnte eine Höchstgeschwindigkeit von 80km/h für beide Fahrtrichtungen zugelassen werden.

Die 1939 erstmals gelieferten 50er erwiesen sich schon bald als eine gut gelungene Konstruktion, welche auch im Personenzugdienst und auf Hauptbahnen zum Einsatz kam – ein echtes »Mädchen für alles«.

Die Kriegsvorbereitungen ließen den Bedarf enorm ansteigen. Ab 1942 wurden sie als sogenannte Übergangs-Kriegslokomotiven (ÜK) vereinfacht gefertigt. Bis 1945 bauten viele Lokfabriken des In- und Auslandes insgesamt 3164 Einheiten.

Zur DR kamen 350 Lokomotiven, 208 wurden rekonstruiert, einige erhielten einen Giesl-Ejektor.

Die letzten Altbau-50er versahen bis 1987 Dienst, 50849 und 50 1002 sogar wieder mit den großen Wagner-Windleitblechen.

Rechts rangiert 50 1002 (Schichau 3427/1940) am 4. März 1983 in Nossen, um später P 15768 nach Riesa zu bringen.
◀ 50 1849 (Krauss-Maffei 16048/1940) mit Leerzug nach Werdau am 28. September 1987 auf der Römertalbrücke bei Steinpleis.
Die Lok erhielt 1976 große Windleitbleche und war von 1980 bis 1994 betriebsfähige Traditionslok in der Est Zwickau. So führt sie am 21. Mai 1989 einen Sonderzug auf der Muldentalbahn in Waldheim. ▼

50849 mit dem Zwickauer Traditionszug am 6. April 1989 auf der Fahrt von Zwickau nach Dresden. Dabei quert sie das Zschopautal bei Hetzdorf. Der Hetzdorfer Viadukt war zu diesem Zeitpunkt bereits in einem sehr maroden Zustand und wurde wenig später durch die neue Brücke abgelöst, was mit einer Umtrassierung der Strecke einherging.

Baureihe 52

Der stark gestiegene Lokomotivbedarf in den Kriegsjahren zwang zur Beschaffung einer Güterzuglok, welche relativ einfach, schnell und mit Verwendung einheimischer Rohstoffe herzustellen war. Die Baureihe 52 wurde unter Weglassung aller Feinheiten aus der Baureihe 50 abgeleitet. 1943 gelang es tatsächlich, eine Tagesproduktion von 51 Lokomotiven zu erreichen, so dass 1945 etwa 7000 Maschinen abgeliefert waren.
Zur DR kamen nach dem Krieg ungefähr 1500 Lokomotiven, von denen am Ende der Reparationstransporte noch ca. 800 vorhanden waren. Zusammen mit einigen zurück gekauften Loks umfasste der Bestand zu Beginn der sechziger Jahre etwa 860 Einheiten.
Von 1958 bis 1964 bekamen 69 Maschinen eine Generalreparatur, wobei viele kriegsbedingte Vereinfachungen beseitigt wurden. Parallel lief 1960 die Rekonstruktion an, welche bis 1967 200 Loks erfuhren. 25 Einheiten wurden Anfang der fünfziger Jahre auf Kohlenstaubfeuerung System Wendler umgebaut.
Am 29. Oktober 1988 war das offizielle Ende der Dampflokära auf Regelspurgleisen der DR, doch die Reko-52er in Ostsachsen fuhren gelegentlich auch noch im Sommer 1989.

Bild links: Von 1983-1987 gab es auf der 1872 errichteten und 1998 stillgelegten Brückenberg-Schachtbahn Zwickau erneut Dampflokbetrieb, um Diesel einzusparen.
So konnte für Filmaufnahmen im August 1987 mit 86 607 und 52 6666 an die schrecklichen Kriegszeiten im Güterbahnhof Pöhlau erinnert werden.

Den größten Teil ihrer Lebenszeit verrichteten die Kriegslokomotiven allerdings im Dienst für den Frieden und Wiederaufbau. So auch links 52 6373 (Schwarzkopff 12926/1944) vor einem Kesselzug in Potsdam Hauptbahnhof am 22. Juni 1976 und unten 52 5660, ehemalige Kolonnenlok, (Schichau 3938/1943) bei der Ausfahrt aus Großbothen Richtung Engelsdorf im März 1986. Nach ihrer Ausmusterung am 5. April 1990 diente die Maschine als Ersatzteilspender für die Museumslok 52 6666.

In der alten Heimat ist 62015 am 7. September 1985 mit einem Sonderzug nach Meiningen zwischen Themar und Vachdorf auf der Strecke, darunter bei Dietzhausen am 7. Mai 1993. Foto: Gunter von Hartwig

Baureihe 62

Im Typisierungsprogramm der DRG war neben der nie verwirklichten 2'C h2-Schlepptendermaschine Baureihe 20 auch eine Tenderlokomotive enthalten, welche vor allem die preußische T18 (Baureihe 78) ablösen sollte. Diese wurde aber bis 1927 gebaut und so war ein alsbaldiger Bedarf nicht zu erwarten. Trotzdem führte Henschel 1928 die Konstruktion aus und baute 15 Maschinen der Reihe 62, Bauart 2'C 2' h2t. Das mangelnde Interesse der DRG brachte sie aber erst ab 1932 in den Ruhrpott, auf die Insel Rügen und ins Werratal.

Die DR übernahm acht Loks und beheimatete sie 1955 im Bw Meiningen. 1958/59 wechselten sie nach Berlin Ostbahnhof, um die »Sputnik«-Züge zu bespannen. Diese waren aus politischen Gründen zur Umgehung Westberlins ins Leben gerufen worden. In den sechziger Jahren gelangten sie vom Bw Schwerin aus wieder auf die Insel Rügen.

Anfang der Siebziger erfolgte die Ausmusterung und es blieb nur 62015 (Henschel 20857) als betriebsfähige Museumslokomotive erhalten. 1998 verkehrte sie letztmalig und ist heute im Eigentum des Verkehrsmuseums Dresden im Bw Dresden Altstadt beheimatet.

Am 18. Juli 1976 führt 62015 einen Sonderzug nach Reichenbach in Jocketa auf der Sächsisch-Bayerischen Eisenbahn.

Am 9. Mai 1987 verlässt 64007 mit einem Sonderzug nach Bad Lausick den kleinen Leipziger Vorort Liebertwolkwitz.

Baureihe 64

Nach den Entwicklungen von Schnell- und Güterzuglokomotiven dachte man Mitte der zwanziger Jahre auch an vereinheitlichte Nebenbahnloks. Es wurden die Baureihen 24, 64 und 86 für 15t Achslast mit vielen gleichen Teilen konstruiert. Besonders große Übereinstimmung gab es zwischen der Baureihe 24 mit Schlepptender und der 64er für Strecken ohne Drehscheiben. Beide Typen sollten vor allem im Flachland auch auf angrenzenden Hauptbahnen mit höheren Geschwindigkeiten verkehren können. Von 1928 bis 1940 wurden insgesamt 520 Maschinen der Bauart 1'C1'h2t Reihe 64 von vielen Lokomotivherstellern gefertigt. Die DR übernahm 115 Loks und setzte sie bis 1974 ausschließlich im Flachland ein. 64007 entstand 1928 bei Borsig (11963). Sie kam vor allem in Norddeutschland zum Einsatz und beendete ihre aktive Laufbahn 1971 beim Bw Stendal. 1983 erfolgte die Aufarbeitung als betriebsfähige Museumslokomotive im Raw Meiningen. Ende 1987 kam es wegen Kesselschadens zur Abstellung.

Baureihe 80

Im Rangierbetrieb verdienten sich zum großen Teil alte Streckenlokomotiven ihr Gnadenbrot. Das war wenig wirtschaftlich und so sah das Beschaffungsprogramm der DRG kleine Einheitslokomotiven für diesen Dienst vor.
Hohenzollern lieferte 1928/29 die ersten Maschinen der Baureihe 80, Bauart Ch2t. Insgesamt kamen von weiteren Lokomotivfabriken 39 Maschinen in Dienst. Sie wurden in Köln und Leipzig stationiert.
Die DR übernahm 21 Loks und setzte sie mit Ausnahme von 80 002 (Raw Meiningen) bis 1963 in Leipzig ein. Danach verblieben bis 1981 noch einige Maschinen im Werksdienst. 80 009 ist heute im Privatbesitz und 80 023 gehört dem Verkehrsmuseum Dresden mit Stationierung in Chemnitz Hilbersdorf.
80 039 hat bei den Hammer Eisenbahnfreunden überlebt und war bis 2009 gelegentlich im Einsatz.

14. Februar 2009 in Hamm

80 024 und 80 012 am 13. Juni 1976 in Dresden Hbf

Baureihe 86

Im Vereinheitlichungsprogramm für Nebenbahnen mit 15t Achslast war eine 1'D1'h2t-Type enthalten. Die 86er sollten ähnlich ihren Schwestern der Reihen 24 und 64, den Nebenbahndienst beschleunigen und auf anschließenden Hauptbahnen mit höherer Geschwindigkeit verkehren. Ihre größere Reibungslast machte sie vor allem für den Mittelgebirgsdienst tauglich.
Zwischen 1928 und 1943 stellten viele Lokfabriken insgesamt 744 Maschinen her, ab 1942 mit kriegsbedingten Vereinfachungen (ÜK).
Die DR übernahm nach einer Reparationsabgabe von 71 Loks noch 173 Einheiten, von denen 164 aufgearbeitet und eingesetzt werden konnten, die meisten im Erzgebirge, einige auch auf der Insel Usedom, dort mit Windleitblechen ausgerüstet.
162 Lokomotiven erhielten 1970 EDV-Nummern. Die vorläufig letzte planmäßige 86er-Leistung war am 25. September 1976 P 16650 von Annaberg nach Schwarzenberg. 1982 erfolgte in der Einsatzstelle Annaberg eine Renaissance für 86 001 (Museumslokomotive), 86 056 und 86 501, welche bis Mai 1988 reichte. Danach gab es nur noch gelegentliche Dampflokeinsätze.

Am 30. Juni 1976 ist 86 1245 mit P 16871 von Schwarzenberg nach Annaberg-Buchholz auf der Markersbacher Brücke unterwegs.

Am 8. Dezember 1990 verlässt 86 1001 mit P 17624 den Tunnel Bockau auf der Fahrt von Aue nach Blauenthal.

Am 31. Januar 1987 ist 86 1501 mit der Überführung 68364 von Schlettau nach Scheibenberg unterwegs.

Am 14. Januar 2017 befördert 86 1333 einen Sonderzug von Aue nach Annaberg-Buchholz in Walthersdorf.

99 2322 mit P 14139 am 2. Mai 1981 in der Goethestraße.

99 2322 mit P 14143 am 16. Juli 1977 in der Ernst-Thälmann-Straße, heute Mollistraße.

Schmalspurlokomotiven

Lokomotiven $99^{321-323}$

1932 ließ die DRG drei Einheitslokomotiven der Bauart 1'D 1' h2t bei Orenstein & Koppel bauen (12400 bis 12402). Sie kamen als 99 321 bis 99 323 zur 900 mm-Bäderbahn Bad Doberan–Heiligendamm und versehen nach grundlegender Überholung (1994-97) noch heute täglich Dienst. Ihre Höchstgeschwindigkeit beträgt 50 km/h und ist damit für deutsche Schmalspurbahnen einmalig.
2008/09 baute das Dampflokwerk Meiningen diesen Typ mit neuen Baugrundsätzen nach und die Bäderbahn nahm die Maschine als 99 324 in Betrieb. Es ist bislang der letzte deutsche Dampflokneubau für regulären Betrieb.

Die Ortsdurchfahrt in Bad Doberan ist bis heute der faszinierendste Streckenteil des »Molli«. Wenn sich der Zug bimmelnd nähert erstirbt der Straßenverkehr und die zahlreichen Touristen zücken ihre Smartphons und Fotoapparate. Das hektische Geschäftsleben hält für wenige Minuten an.
So war die Vorbeifahrt am 2. Mai 1981 von 99 2323 mit P 14136 am Haus »Gottesfrieden« fast schon symbolisch und bleibt es bis in die Gegenwart.

Baureihe 99 73-76

Die Direktion Dresden der Reichsbahngesellschaft brauchte für die gebirgigen 750 mm-Strecken eine stärkere Maschine als es die IVK (99 51-61) war und konnte die Entwicklung einer Einheitslokomotive Bauart 1'E1'h2t durchsetzen. Die Sächsische Maschinenfabrik, vormals Richard Hartmann in Chemnitz, lieferte ab 1928 die erste Serie mit 13 Maschinen, bis 1933 die BMAG (Schwartzkopff) noch weitere 19 Loks.

Nach 1945 mussten zehn Einheiten als Reparationsleistung an die UdSSR abgegeben werden. 2022 sind noch 14 Lokomotiven vorhanden, davon sieben einsatzfähig, einige täglich. Beim Personal und Eisenbahnfreunden werden die Maschinen oft als »VIIK Altbau« bezeichnet.

Haupteinsatzgebiete der »VIK Altbau« waren in den siebziger und achtziger Jahren die Weißeritztalbahn von Freital-Hainsberg nach Kipsdorf und die Strecke von Zittau nach Oybin / Johnsdorf.

Links durchfährt 99 1747 mit einem Rollwagenzug nach Schmiedeberg am 20. August 1984 den Rabenauer Grund im Tal der Wilden Weißeritz.

Unten verlässt 99 1762 mit P14074 Zittau Vorstadt mit dem Ziel Oybin im März 1982, um wenig später entlang von Obersdorf Unterdorf nach Bertsdorf zu dampfen.

Baureihe V 36

Für explosive Bereiche aber auch um sich für Luftaufklärer nicht durch Dampfschwaden zu verraten, ließ die Deutsche Wehrmacht die Kriegsmotorlokomotive 1 entwickeln. 1937 kam die erste von 293 Exemplaren mit der Bezeichnung WR 360 C 14 in Dienst.
Von etwa 40 in der SBZ verbliebenen Maschinen konnten 35 instand gesetzt werden. Sie kamen vorwiegend im Rangierdienst, einige auch vor leichten Güter- und Personenzügen zum Einsatz.
Die Museumslokomotive 103 027 lieferte Orenstein & Koppel 1943. Sie war bei mehreren Bw im Norden der Republik im Einsatz, zuletzt in Hagenow Land.

Bei der »Sauschwänzlebahn« Blumberg–Zollhaus steht V 36 204 seit 2014 im Einsatz vor Touristikzügen (5. Juni 2014).

Baureihe Kö / Köf

Die Kleinlokomotiven der Leistungsgruppe II bis maximal 150 PS sollten ab 1930 auf kleineren und mittleren Bahnhöfen die Rangieraufgaben übernehmen, da die dort bislang tätigen Dampfloks einen großen Personalaufwand rund um die Uhr bedeuteten. Nach vielen Versuchen setzte sich ab 1938 der dieselhydraulische Antrieb durch (Köf).
Die DRG übernahm 1282 Maschinen verschiedener Bauart. Die Loks durften von einem eingewiesenen Rangierer (Kleinlokbediener) gefahren werden.
1970 zeichnete die DR noch 378 Maschinen als Baureihe 100 um. Darin enthalten waren 32 Lokomotiven, welche das Raw Dessau in den sechziger Jahren mittels vorhandener Rahmen baute.

▲ Kö 4017 beim Rangieren in Schönheide Süd (Wiltzschhaus) am 29. September 2015.
Foto: Gunter von Hartwig

100787 im Frühjahr 1983 in Netzschkau ▶

100537 am 1. Oktober 1987 auf Rangierfahrt in Wilkau-Haßlau.

Dieseltriebwagen

VT 135 069 und VB 140 32 im Weiler Haag am 30. April 2005.

VT 135 054

Mitte der dreißiger Jahre baute Busch in Bautzen 29 Dieseltriebwagen, welche die DRG zum wirtschaftlicheren Betrieb auf ihren Nebenbahnen bestellt hatte. Dazu gehörte auch die Baureihe 3 (VT 135 054-059) in geschweißter Leichtbauweise.
Zur DR gelangeten zwei Einheiten, darunter VT 135 054 mit der Fabriknummer 6026 von 1935, später als 186 257 bezeichnet. Das Fahrzeug wurde zum Salontriebwagen der Rbd Magdeburg umgebaut, blieb erhalten und gehört seit 1992 zum Museumsbestand.

VT 135 069

Für den rationellen Nebenbahnbetrieb beschaffte die Reichsbahn 1937/38 64 dieselmechanische Einheitstriebwagen mit 150 PS Leistung. Dazu baute Talbot 80 Beiwagen.
Nach dem Krieg verblieben 30 Triebwagen bei der DB und 6 bei der DR. Eine ihrer Stammstrecken war der »Sächsische Semmering« Bad Schandau–Sebnitz. VT 135 110 blieb als Museumsfahrzeug erhalten.
Betriebsfähig ist noch VT 135 069 mit Beiwagen VB 140 32 (ex DB) der Dampfbahn Fränkische Schweiz.

VT 137 099

Für den Schnell-, Eil- und Personenverkehr auf Hauptbahnen beschaffte die DRG Mitte der dreißiger Jahre vierachsige Einheitstriebwagen mit dieselektrischem Antrieb (410 PS).
Zur DR gelangten 23 Fahrzeuge, deren spektakulärste Leistungen Ende der fünfziger Jahre Dt 179/180 Dresden–Berlin–Stralsund waren.
Die VWWAG (Vereinigte Westdeutsche Waggonfabriken) Köln bauten 1935 VT 137 099. Nach dem Krieg befand er sich in Berlin und ist seit 1983 Museumsfahrzeug der DR.

Anlässlich der Fahrzeugparade »150 Jahre erste deutsche Fernbahn«, verkehrten am 6. April 1989 links oben VT 135 054 (186 257) und oben VT 137 099 (185 254) in Döbeln.

Baureihe SVT 137

Die Entwicklung von Schnelltriebwagen ist untrennbar mit dem Namen Kruckenberg verbunden. Beginnend mit dem Schienenzeppelin, einem durch eine Luftschraube angetriebenen extremen Leichtbaufahrzeug, entwickelte die Flugbahn GmbH unter seiner Leitung stromlinienförmige Fahrzeuge, deren prägnante Kopfform die DR nach dem Krieg beim SVT Bauart Görlitz wieder aufgriff.

Auf den Kruckenbergschen Erfahrungen aufbauend, entwickelte die DRG ab 1931 zusammen mit der WUMAG (Waggon- und Maschinenfabrik Görlitz) den »Fliegenden Hamburger«. Seine Erfolge waren die Basis für die 1934 bis 1936 gebauten 13 Triebzüge der Bauart Hamburg, welche den Schnellverkehr revolutionierten.

Um dem Fahrgastandrang zu entsprechen, wurden ab 1936 vier dreiteilige Triebzüge der Bauart Leipzig beschafft. Ihre Konstruktion war so gut gelungen, dass SVT 137 233 am 17. Februar 1936 zwischen Hamburg und Berlin den Weltrekord mit 205 km/h fuhr. Drei Triebzüge überstanden den Krieg und kamen zur DR.

14 weitere Triebzüge mit Einzelwagenkonzept stellte die Reichsbahn 1938 als Bauart Köln in Dienst. Nach 1945 verblieben der DR drei SVT, weitere vier kaufte sie 1958-60 von der Deutschen Bundesbahn.

An diese Einsätze erinnernd, ließ Joachim Schmidt SVT 137 225 für Filmaufnahmen der Rio Grande-Videothek noch einmal in die Relation »Karola« (Leipzig–Karlovy-Vary) zurück kehren. Im Bild Greiz am 22. November 1991.

SVT 137 856 (ex SVT 06 109 DB) und SVT 137 273 als Messe-Sonderzug im September 1977 in Leipzig Hbf. ▶

SVT 137 278 als Ex Karlex im Juni 1969 in Leipzig Süd. ▶

Fotos (2): Dr. Harald Weigel

27

Baureihe E 16[5]

Nachdem die DRG 1923 für ihre bayerischen Strecken zehn 1'Do1'-Lokomotiven (E16) in Auftrag gegeben hatte, sollten Siemens und Borsig 1925 eine ähnliche Schnellzugmaschine für den mitteldeutschen Raum liefern. Die Kurvenlaufeigenschaften der als E16101 bezeichneten Lok überzeugten jedoch nicht. Der Einzelgänger wurde als Reparation in die UdSSR verbracht, kehrte 1953 zurück, wurde 1958 aufgearbeitet und als Studienobjekt vor der Hochschule für Verkehrswesen »Friedrich List« in Dresden aufgestellt.

Baureihe E 17

Nach den erfolgreichen Probefahrten der DRG mit den E15- und E21-Versuchslokomotiven, bestellte sie 1927 insgesamt 38 Schnellzugmaschinen der Bauart 1'Do1' bei der AEG. Die Betriebsnummern wurden entsprechend ihren Stationierungen vergeben. Aus solchem Anlass erhielten E1715 und E1716 1934 die Nummern 123 und 124. Nach dem Rückkauf aus den Reparationen arbeitete sie das Raw Dessau auf und tauschte dabei die Betriebsnummern. E17123 war 1960 in einen folgenschweren Auffahrunfall verwickelt, wurde aber auf Basis der ausgemusterten E17101 wieder hergestellt. Die Lokomotiven waren in Leipzig beheimatet und bis 1965 im Reisezugdienst tätig. 1968 erfolgte die Ausmusterung.

E17123 mit D211 (Magdeburg–Leipzig) im Sommer 1958 in Leipzig Mockau an der Dortmunder Straße.

Fotos (2): Dr. Harald Weigel

Elektrolokomotiven

Neben allen Fahrleitungsanlagen mussten 211 E-Loks des 15 kV 16 2/3 Hz-Netzes als Reparationsgut an die UdSSR abgegeben werden. Die DR kaufte 1952/53 185 Einheiten im Tausch gegen neu produzierte Weitstreckenwagen zurück. Dabei handelte es sich um 24 verschiedene Baureihen, einige davon nur als Einzelstücke. Nach der Beschau unter ökonomischen Gesichtspunkten verblieben neun Baureihen, deren Instandsetzung 1953 mit der Reihe E44 im Raw »Otto Grothewohl« in Dessau begann. Es existierten nicht einmal mehr Zeichnungssätze, so dass der Rückbau des in der Sowjetunion erfolgten Umbaus auf Breitspur aus dem Gedächtnis heraus begann.

Die ersten 14 Lokomotiven führten am 1. September 1955 den Festzug von Halle nach Köthen zur Wiedereröffnung des elektrischen Zugbetriebes der Deutschen Reichsbahn.

Insgesamt restaurierte das Raw Dessau 104 Altbauelektrolokomotiven der Baureihen E04, 05, 17, 18, 21, 44, 77, 94 und 95, welche bis zum Erscheinen der ersten Neubau-E-Lok 1960 die elektrische Zugförderung bestritten.

Museumslokomotive 204001 (E0401) in Leipzig Hbf am 20. September 1979

Baureihe E04

1932/33 baute AEG die ersten zehn Lokomotiven der Bauart 1'Co1'. Sie wurden überwiegend im Bw Leipzig West beheimatet und ersetzten dort E17, welche nach Süddeutschland kamen.
Bei Schnellfahrversuchen erreichte E0409 über 150 km/h, so dass alle Lokomotiven mit geänderter Getriebeübersetzung für eine Höchstgeschwindigkeit von 130 km/h zugelassen wurden.
Die DRG beschaffte insgesamt 23 Maschinen, vorwiegend für den schnellen Verkehr im Flachland.
Von den nach dem Krieg in der SBZ verbliebenen E04 mussten alle 13 betriebsfähigen Maschinen als Reparationsleistung an die Sowjetunion abgegeben werden. Die Umspurung auf russische Breitspur gelang jedoch nicht und so durften u.a. alle E 04 gegen Lieferung von 335 Weitstreckenwagen zurückgetauscht werden.
Zusammen mit den verbliebenen Schadlokomotiven arbeitete das Raw Dessau ab 1955 insgesamt zwölf Maschinen für den schnellen Verkehr auf wiederelektrifizierten Strecken rund um Leipzig, Halle und Dessau auf.
Durch die Indienststellung der Neubaulokomotiven Reihe E11 wanderten sie in untergeordnete Dienste ab und 1976 beförderte E0405 (204005) ihren letzten Planzug.
Im selben Jahr wurde 204001 betriebsfähig als Musumslok beim Bw Leipzig Hbf West hinterstellt.

Die 1935 von AEG letztgebaute E0423 bekam 1939 u.a. eine motorbetriebene Fahrsteuerung für versuchsweisen Wendezugbetrieb und wurde beim Bw Nürnberg Hbf stationiert. Nach dem Krieg befand sie sich in der Rbd Erfurt und musste als Reparation an die UdSSR abgegeben werden. Als sie 1952 zurückkehrte, erfolgte im Raw Dessau die entsprechende Aufarbeitung und Beheimatung im Bw Halle P. Im Bild verkehrt sie im Sommer 1959 vermutlich mit P412 zwischen Dessau und Leipzig bei Neuwiederitzsch.

Foto: Dr. Harald Weigel ▶

Am 27. April 1984 kann die Museumslokomotive 204001 noch einmal zeigen was in ihr steckt, als sie den »Rheingold« von Reichenbach (Vogtl) nach Leipzig befördert. Das Bild entstand kurz hinter Block Beiersdorf.

Oschatz
218 019-8
Oschatz

218 031-3

Baureihe E 18

Die Beschleunigung des Reiseverkehrs war in den dreißiger Jahren ein ganz wesentliches Thema. Die DRG gab der AEG den Auftrag zur Entwicklung einer 1'Do 1'-Schnellzuglokomotive mit 150 km/h Höchstgeschwindigkeit. Die erste Maschine ging 1935 in Dienst und erreichte bei Versuchsfahrten 165 km/h mit einer Anfahrleistung von 6000 PS.

Wegen des Krieges wurden nur 53 Loks gebaut. E 1831 kam nach Ablieferung zum Bw Leipzig West. Nach der Reparatur kriegsbedingter Schäden versah sie ab 1958 Plandienst zwischen Leipzig und Dessau. Zur Ablösung der Dampfschnellfahrlokomotiven (18 201 und 18 314) im Versuchsbetrieb wurden 1969/70 E 1819 und E 1831 im Raw Dessau für 180 km/h Höchstgeschwindigkeit umgebaut.

Links ist E 1819 (218 019) am 23. Mai 1989 mit P 3728 in Oschatz unterwegs.

Darunter befördert E 1831 (218 031) anlässlich des Jubiläums »50 Jahre Raw Dessau« am 21. September 1979 P 8214 in Greppin.

Unten durchfährt 218 019 mit P3726 Block Medessen am 23. Mai 1989.

Baureihe E 44

Siemens-Schuckert entwickelte Ende der zwanziger Jahre eine laufachslose Drehgestelllokomotive der Bauart Bo'Bo', welche die DRG 1931 als E 44 001 in Betrieb nahm. Die guten Erfahrungen führten bis zum Kriegsende zur Beschaffung von 174 Einheitslokomotiven der Baureihe E 44 bei Krauss-Maffei, Henschel und Floridsdorf für den Güter- und Personenzugdienst. Sie wurden vorwiegend im süddeutschen Raum aber auch in Mitteldeutschland beheimatet.

Die in der SBZ verbliebenen 49 Maschinen mussten als Reparationsleistung an die Sowjetunion abgegeben werden, wo sie umgespurt und mit Mittelpufferkupplung ausgerüstet zum Einsatz kamen. 1952 kehrten 46 Lokomotiven in je drei Einzelteilen zurück. Es erfolgte der Wiederaufbau aller Lokomotiven zwischen 1955 und 1961.

Darunter war auch E 44 463 (Maffei 1936, Fabriknummer 15547), welche durch Rahmentausch die Nummer E 44 044 (244 044) erhielt und bis heute betriebsfähig erhalten ist.

◄ Am 4. März 1983 ist 244 108 mit P 12575 aus Gaschwitz pünktlich um 17.57 Uhr in Leipzig Hauptbahnhof eingetroffen.

E 44 044 führt einen Sonderzug am 5. Dezember 2013 von Reichenbach (V) nach Hof in Bayern bei Röttis anlässlich der abgeschlossenen Streckenelektrifizierung zwischen Plauen und Hof. ▼

▲ 244 048 mit P5600 bei der Einfahrt in Leipzig Bayrischer Bahnhof am 1. Juni 1986.
Foto: Gunter von Hartwig

Das Dresdener Dampflokfest ist der Rahmen für einen Fotogüterzug mit E77 10 nach Freital-Potschappel am 16. April 2016.

Seit 1971 ist E77 10 Traditionslokomotive und erhielt 1978/79 im Bw Dresden Altstadt eine betriebsfähige Aufarbeitung. Mit Unterbrechungen ist sie bis heute einsatzfähig.

Baureihe E77

Die DRG bestellte 1923 eine leichte dreiteilige Elektrolokomotive der Bauart (1'B)(B1') für den gemischten Dienst. Ab 1924 lieferten Krauss, BMAG und LHW insgesamt 56 Exemplare in zwei Serien, welche jedoch oberhalb 55km/h zum Schlingern neigten. Daran änderten auch Fahrwerksumbauten nichts.
Auf dem Gebiet der SBZ fanden sich nach dem Krieg 52 Maschinen, von denen 42 als Reparationsleistung an die UdSSR abgegeben werden mussten. 1952/53 kaufte die DR 38 Loks zurück, von denen nur zehn instand gesetzt wurden. In den sechziger Jahren begann die Ausmusterung und Verschrottung aller Maschinen bis auf E77 10. Sie verdiente ihr Gnadenbrot als Trafostation für die Weichenheizung in Halle Hbf bis 1969.

Am selben Tag durchfährt E77 10 Dresden-Feldschlösschen.

DORNREICHENBACH
254 052-4

254 059-9
254 040-9

254 052 mit Dg 53635 bei der Fahrt durch Dorneichenbach am 11. Mai 1990.
Fotos (3): Thomas Gödeke

Baureihe E94

Die aus der Baureihe E93 weiter entwickelten E94er wurden ab 1940 als „Kriegselektrolok 2" von mehreren Lokfabriken geliefert. Bei der Bauart Co'Co' stützt sich der Brückenrahmen mit Führerständen und Transformator auf den Drehgestellen ab. Die Achsen sind über Tatzlagermotoren einzeln angetrieben. Die Loks leisten 3000kW und haben eine Höchstgeschwindigkeit von 90km/h,
Die Maschinen sollten vor allem die elektrifizierten Rampenstrecken in Deutschland und Österreich bedienen, kamen aber auch in den mitteldeutschen Raum.

Von den 19 in der SBZ verbliebenen Lokomotiven mussten 14 an die Sowjetunion abgegeben werden, eine wechselte zur späteren DB. Im schlesischen Netz beschlagnahmte die Sowjetunion elf Loks und ließ alle umspuren.
Mit den 1952 zurück gekauften 25 Maschinen verfügte die DR über insgesamt 29 Einheiten, von denen 23 bis 1961 in Dienst kamen. 1991 war das letzte Einsatzjahr für die noch verbliebenen acht »Eisenschweine«.
1970 erhielten die E94 bei der DR die Baureihenbezeichnung 254. Das Verkehrsmuseum Nürnberg unterhält 254056. Sie steht z.Z. in Leipzig Hbf.

Links unten warten 254 059 und 254 040 am 22. Februar 1990 in Leipzig Wahren auf ihre nächsten Einsätze.
Unten befördert 254 106 Dg 50340 am Einfahrsignal von Wurzen Richtung Engelsdorf (31. März 1990).

»Eisenschwein« 254 110 führt am 19. August 1989 einen Sonderzug durch Großenhain.

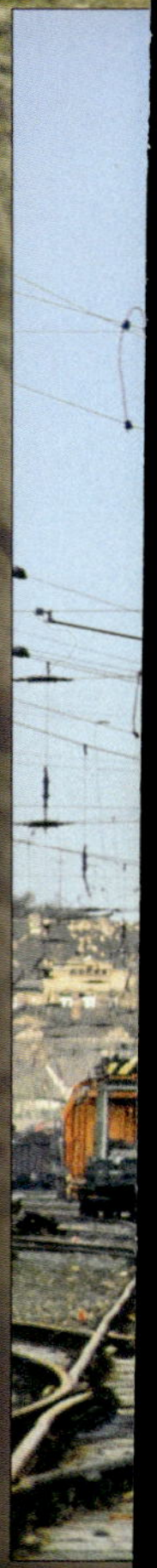

Eine 254 mit dem Platow-Gleisjochverlegekran (UK25), einem Kirow-Lizenzbau des sowjetischen Originals, und Motorplattformwagen (MPW) auf der Muldebrücke bei Wurzen im November 1987.

254153 mit Dg53635 im Güterbahnhof von Wurzen.
Foto: Thomas Gödeke

E9503 durchfährt mit einem Güterzug Dessau Süd im Februar 1968.
Foto: Hans-Joachim Simon
Slg. Eisenbahn-Stiftung

Bilder unten: E9502 am 15. Juli 2018 im Bw Halle P.

E94056 und E9502 mit Selbstentladewagen auf der Anfahrt zur Riesaer Jubiläumsparade am 8. April 1989.
Foto: Gunter von Hartwig

Baureihe E95

Zur Abfuhr der schlesischen Steinkohle benötigte die DRG eine schwere Elektrolok und übergab diese Aufgabe der AEG. Während der Konstruktionszeit änderte sich das Konzept aufgrund technischen Fortschritts mehrfach. Am Ende lieferte AEG sechs zweiteilige Lokomotiven der Bauart 1'Co+Co1'. Sie erhielten Einzelachsantrieb mit Tatzlagermotoren, leisteten 2418 kW und waren 70 km/h schnell.
Alle sechs Lokomotiven fanden sich nach dem Krieg in der SBZ wieder und wurden als Reparationsgut an die Sowjetunion übergeben. Nach dem Rückkauf 1952 wurden drei Loks mit Hilfe der restlichen Ersatzteilspender aufgearbeitet und gelangten beim Bw Leipzig Wahren, später in Halle P zum Einsatz. Ihre Abstellung erfolgte 1969/70.
Als Trafostation überlebte E9502 und löste E7710 in Halle Hbf ab. 1979 begann die äußerliche, 1986 die innerliche Aufarbeitung. Seit 1995 wird an der Wiederinbetriebnahme gearbeitet.

Oberweißbacher Bergbahn

Seit 1900 erschließt die Eisenbahn von Rottenbach nach Katzhütte das Schwarzatal ohne die auf den Höhen liegenden Orte zu erreichen. Nach Abwägung aller Möglichkeiten entschlossen sich die Gemeinden und das Land Thüringen zum Bau einer 1,35 km langen Standseilbahn mit einer Spurweite von 1800 mm zwischen Obstfelderschmiede im Schwarzatal und dem 323 m höher gelegenen Lichtenhain. Von da wurde eine 2,64 km lange regelspurige elektrifizierte Strecke nach Cursdorf gebaut und alles 1923 eröffnet. 1949 übernahm die DR die gesamte Anlage. Nach mehrfachen Umbauten und Sanierungen gehört sie heute zu DB RegioNetz.

Auf der Standseilbahn pendeln der abgestufte Personenwagen und eine Güterbühne. Sie ist nach Einstellung des Güterverkehrs 1966 ausschließlich mit einem Personenwagen beladen. Sowohl in der Tal- als auch Bergstation ist ein Übergang per Drehscheiben zu den Regelspurgleisen möglich.

ET 188 531 und ET 188 701

1922 lieferte AEG zwei Triebwagen für die mit 500V-Gleichstrom elektrifizierte Strecke nach Cursdorf. 1963 rekonstruierte das Raw Berlin-Schöneweide die Triebwagen im S-Bahn-Stil. Bei großem Fahrgastandrang werden die Fahrzeuge im Zwillingsbetrieb eingesetzt.

Elektrotriebwagen

Die Elektrifizierung der Cursdorfer Strecke wurde unsymmetrisch ausgeführt, weshalb die Dachstromabnehmer der Triebwagen bis 1979 seitlich versetzt waren. Das ist am 7. Oktober 1978 kurz vor Cursdorf noch gut zu erkennen. Darüber Impressionen von der Bergstation Lichtenhain am selben Tag.

Baureihe ET 25 012

Von den 38 zwischen 1935 und 1938 gebauten zweiteiligen ET 25 verschlug es nach dem Krieg einen Triebzug und einen Steuerwagen zur DR. Der Mangel an Beförderungskapazität auf dem sich entwickelnden elektrischen Netz führte zur Rekonstruktion dieses Einzelgängers. Dabei wurde der Steuerwagen im Raw Dessau zum Mittelwagen umgebaut. Die Inbetriebnahme der nunmehr dreiteiligen Einheit erfolgte 1959 beim Bw Leipzig Hbf West. Sie fuhr als »Roter Dessauer« im Personen- und Schnellzugdienst bis 1972 nach Magdeburg, Erfurt und Zwickau.

Baureihe ET 188 501-503

Für den Inselbetrieb (800 V Gleichstrom) der 4,9 km langen Strecke von Müncheberg nach Buckow lieferte die Hannoversche Waggonfabrik 1930 drei Trieb- und zwei Beiwagen. Die DR ließ die Fahrzeuge 1982 im Raw Schöneweide rekonstruieren, was einem Neubau gleichkam. Dabei entstanden statt der Beiwagen nun Steuerwagen, um zweiteilige Einheiten fahren zu können. 1998 wurde die Bahn stillgelegt und wird seit 2002 vom Verein »Märkische Schweiz« als Museumsbahn saisonal betrieben.

◄ Der Rote Dessauer 1971 als 285 003 vor der Kulisse von Leipzig Postbahnhof.

Kurz zuvor verkehrte der Triebzug noch als ET 25 012 bei Wiederitzsch.
◄ Fotos (2): Dr. Harald Weigel

279 003 in Buckow im Oktober 1970 ▲
Foto: Dr. Harald Weigel

Buckow im August 1982 ▼

Berlin Zoologischer Garten am 9. Oktober 1987.
Fotos dieser Seite: Rolf Houben

Berlin Westkreuz ► und die Abstellanlage in Berlin Grunewald am 11. Mai 1987. ▼

S-Bahn Berlin

◄ Berlin Schöneweide und Berlin Ostkreuz am 6. April 1985. ▼
Fotos (2): Michael Staege

Baureihe ET 166/167

Für die Olympischen Sommerspiele 1936 beschaffte die Reichsbahn 34 Viertelzüge als ET 166. Sie unterschieden sich von den Vorgängern durch die runde Kopfform und eine vollständige Schweißkonstruktion.

Bei den 285 ab 1938 beschafften ET 167 kuppelte die Scharfenberg-kupplung auch die Steuerstromleitungen selbsttätig.

Stadtbahn

Seit 1871 verbindet die Berliner Ringbahn vorher ausschließlich strahlenförmig verlaufende Strecken miteinander. 1913 dachte man an eine Elektrifizierung, die aber wegen des Krieges erst ab 1924 mit seitlicher Stromschiene und 800 Volt Gleichspannung realisiert wurde. Ab 1930 firmierte die Bahn unter der noch heute aktuellen Bezeichnung »S-Bahn«. Das Netz wurde bis 1943 auf fast 300 km ausgebaut.

Nach der kriegsbedingten Einstellung des Verkehrs ging die S-Bahn ab 6. Juli 1945 teilweise wieder in Betrieb, fast vollständig ab 1948. Dies geschah auf Weisung der Alliierten unter der Regie der DR. Daran änderte auch der Mauerbau und die Grenzschließung am 13. August 1961 nichts. 1980 reduzierte sie den Verkehr in Westberlin und überließ ab 1984 der Westberliner BVG den Betrieb.

Mit dem Mauerfall am 9. November 1989 begann die Verknüpfung der beiden Berliner S-Bahn-Netze. Die DR übernahm schrittweise den Betrieb von der BVG. Ab 1994 gehört sie zur DBAG. Die Privatisierungsorgie hat durch Abwirtschaftung zur größten Krise der S-Bahn zwischen 2007 und 2010 geführt. Seit 2003 verantwortet das die Berliner S-Bahn GmbH.

Mit neuem Farbkleid sollte die Tradition der Vorkriegs-Reichsbahn in den achtziger Jahren begraben werden.

Baureihe ET 165

1927-30 beschaffte die DRG von mehreren Lokfabriken über 600 der von Orenstein & Koppel entworfenen Viertelzüge der Reihe ET/ES 165. Nach den Kriegsverlusten hatte die DR in den sechziger Jahren noch 431 Triebwagen im Bestand, teilweise mehrfach umgebaut und modernisiert.

Im März 1988 sind die ET 165 (jetzt Baureihe 275) noch voll im Einsatz (Berlin Schöneweide), denn der Ersatz durch die Neubauzüge der Baureihe 270 hatte gerade erst begonnen.